秘制南北
家常菜

我家厨房栏目组◎主编

吉林科学技术出版社

我家厨房栏目组

主　编　朱　琳
编　委　宋　杰　张明亮　蒋志进　刘志刚　杜婷婷　范振峰　王　鹤
顾　问　李铁钢　侯　军

扫一扫 全部二维码视频库

前言
Foreword

　　我家厨房栏目是由中央电视台《天天饮食》栏目组原班人马全新打造的，并且在多家卫视平台播出的一档情景剧类美食节目。我家厨房由全能料理王李铁钢、健康营养控李然、时尚星达人杜沁怡组成温馨快乐家庭，在情景剧的环境中轻松教您学做家常菜。

　　我家厨房栏目为读者带来了全新的美食烹饪方法。在菜品选择上区别于以往的家常菜品，符合当代人的审美情趣和时尚格调。即使是家常菜肴，也做出了不一样的品相，在原料搭配上下足了功夫，在美食烹饪过程中尽显趣味生活。

　　我家厨房系列图书共两本，分别为《我家厨房：精选美味家常菜》和《我家厨房：秘制南北家常菜》。书中菜品按照家庭中比较常见的原料加以分类，由全国知名营养专家、烹饪大师从我家厨房栏目的资源中，精选了近500多款经典菜例，经过重新编辑整理，呈现给广大喜欢美食的朋友们。

　　我家厨房系列图书图文并茂，讲解翔实，书中的美味菜式不仅配有精美的成品彩图，还针对制作中的关键步骤，加以分解图片说明，让读者能更直观地理解掌握。另外，我们还对每款菜式配以美观的二维码，您可以用手机或平板电脑扫描二维码，在线观看整个菜品制作过程的视频，真正做到图书和视频的完美融合。

　　最后，衷心祝愿我家厨房系列图书能够成为您家庭生活的好帮手，让您轻轻松松地享受烹饪带来的乐趣。

我家厨房栏目组

本书使用说明

菜名

菜品特色

第二章
畜肉

西红柿汁拌肥牛 ★肥牛清香, 茄汁酸香★

原料 ★ 调料

原料

调料

肥牛片150克, 西红柿、洋葱各50克, 花生碎、薄荷、红椒各适量。

大蒜、柠檬皮、精盐、味精、白糖、酱油、香油各适量。

制作方法

壹 西红柿洗净, 切成小块, 去瓤后切成小丁; 洋葱洗净, 切成细末; 大蒜去皮, 洗净, 切成蒜片; 红椒去蒂及籽, 洗净, 切成小丁。

贰 锅中加入适量清水烧沸, 放入精盐、柠檬皮、肥牛焯烫一下, 捞出沥干。

叁 将西红柿丁、洋葱末、蒜片、红椒丁一同放入碗中 🖊, 加入精盐、白糖、酱油、香油、柠檬皮、味精拌匀。

肆 再放入焯好的肥牛片拌匀, 撒上薄荷叶、花生碎, 即可装盘上桌。

制作步骤图

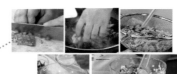

78

成品图

壹

打开手机与平板电脑上的二维码扫描软件

★皮冻软嫩,清香味美★

制作方法

壹 将猪肉皮去掉白膘,刮净绒毛,用清水浸泡并洗净,捞出沥水,切成丝;胡萝卜去皮,洗净,改刀切成小丁;香干也切成小丁。

萝卜50克,
午。

贰 净锅置火上,放入清水、葱段、姜片、桂皮、八角、香叶烧沸,再加入精盐、白糖、料酒、酱油、胡椒粉煮约10分钟。

又、八角、香
小匙,白糖
匙,酱油、

叁 捞出锅内配料,去除杂质,放入猪皮丝❗,倒入高压锅内压30分钟,再放入胡萝卜丁、香干丁、青豆调匀,出锅倒在容器内。

肆 晾凉后放入冰箱内冷藏,食用时取出,改刀切成条块,装盘上桌即可。

秘制南北家常菜

79

贰

将扫描区域对准本书中菜例所附二维码

叁

扫描完毕后高清晰同步视频即可播放

关键步骤图   关键步骤

秘制南北家常菜原料篇

秘制南北家常菜营养篇

秘制南北家常菜常识篇

第一章 蔬菜食用菌

第二章 畜肉

❋ 第三章 禽蛋豆制品 ❋

❋ 第四章 水产品 ❋

第五章 主食

秘制南北家常菜 **原料篇**

烹饪原料又称烹调食材、烹调原料等，是指供给人类通过烹饪手段制作出可以满足人们食品需要的物质材料，这些材料包括天然材料和经过加工的材料，是人们通过膳食为人体提供必需营养成分的主要物质来源。

我国烹饪原料品种繁多，烹饪原料的开发和运用有着悠久的历史。考古资料表明，距今50余万年前，北京猿人已经掌握了把生料烤制成熟食的技术，那些生料即为烹饪原料。在以后漫长的发展历程中，人们不断发现和引进新品种，培育出新良种，加工出新制品。经过不断的筛选，发展至今，烹饪原料已经积累了相当多的数量。据不完全统计，中国烹饪原料总数达到万种以上，常用的也有3000多种。

中国烹调素以择料严谨而著称。清代烹饪理论家袁枚对选料作过论述："凡物各有先天……物性不良，虽易于烹之，亦无味也……大抵一席佳肴，司厨之功居其六，采办之功居其四。"换句话说，美味佳肴的制作取决于厨师烹调水平的高低，而烹调水平的发挥，则在一定程度上决定于菜肴原料的正确选用。由此可见，原料选用是制作菜肴的重要环节。

★ **原料介绍** ★

竹笋　　　　　萝卜　　　　　竹荪

竹笋：竹笋为多年生常绿木本竹科植物的可食用嫩芽。竹笋原产我国，主要分布在珠江和长江流域。竹笋中含有比较丰富的蛋白质、脂肪、碳水化合物、钙、铁、磷、胡萝卜素等，可以促进肠道蠕动，帮助消化，去除积食。

萝卜：萝卜的种类有很多，也是世界上古老的栽培作物之一，现世界各地均有种植。萝卜是营养价值较高的蔬菜之一，萝卜含有大量的碳水化合物和多种维生素及钙、磷、铁等矿物质，民间有"十月萝卜小人参"之说。

香菇：香菇是一种高蛋白、低脂肪的保健食品。含有30多种酶和18种氨基酸，人体所必需的8种氨基酸，香菇中就含有7种，因此香菇有"菌菜之王"的美称。

竹荪：竹荪为担子菌纲伞菌目鬼笔科竹荪属食用菌，主要分布于我国的云南、四川、贵州、广西等地。竹荪含有丰富的蛋白质、碳水化合物、粗纤维等，有活血健脾、助消化之功效。

排骨 排骨根据部位的不同,可分为多种,常见的有小排、肋排、仔排、尾档骨、腔骨等。排骨有很高的营养价值,除含有蛋白质、脂肪、多种维生素外,还含有大量磷酸钙、骨胶原、骨黏蛋白等,可为幼儿和老人提供钙质,具有滋阴润燥、益精补血的功效。

猪腰 猪腰、猪肝、牛腰、牛肝等,也是非常好的炒菜食材,可以经过初加工后制作出美味的炒菜。肝、腰的营养成分比较丰富,含有较多的蛋白质、脂肪、碳水化合物以及钙、磷、铁、胡萝卜素、维生素B₁、维生素C等,具有补肝、养血、明目之功效。

禽蛋 禽蛋为雌禽所排的卵,禽蛋中以鸡蛋用得最多,此外还有鸭蛋、鹅蛋、鹌鹑蛋、鸽蛋等。禽蛋含有丰富的营养物质,如蛋白质、脂肪、碳水化合物、矿物质和维生素等。

油豆腐 油豆腐是大豆经磨浆、压坯、油炸等多道工序制作而成,也是豆腐的炸制食品,好的油豆腐富有弹性,表面金黄色或棕黄色,皮脆,内暗黄,疏松可口,如果油豆腐内囊多结团,无弹力,则为掺了杂质,质量不佳。

鹌鹑 鹌鹑为鸟纲鸡形目鹌鹑属,以前均为野生种,目前全国各地均有人工饲养。鹌鹑的营养和药用价值较高,有"动物人参"之誉,富含蛋白质、多种维生素,胆固醇含量低,易于人体吸收。

禽蛋　　　　　鹌鹑　　　　　油豆腐

鱼肉 鱼的种类很多,一般分为淡水鱼、海水鱼两类。家庭在制作靓汤时,既可以使用整条鱼,也可以去骨取净鱼肉制作。鱼肉营养丰富,对于身体虚弱、脾胃气虚、贫血者有很好的食疗功效。

虾肉 虾的肉质肥嫩鲜美,老幼皆宜,备受大众的青睐。虾肉历来被认为既是美味,又是滋补壮阳之品。虾肉含有丰富的蛋白质和多种维生素,为高蛋白、低脂肪保健佳品。

干贝 干贝是以江珧、日月贝等几种贝类的闭壳肌干制而成,呈短圆柱状,浅黄色,体侧有柱筋。其富含蛋白质、碳水化合物、核黄素和钙、磷、铁等多种营养成分,有滋阴补肾、和胃调中的功效。

薏米 薏米又称薏仁、薏苡仁,味甘、淡,性微寒,归脾、胃肺经,有健脾利水、利湿除痹、清热排脓、清利湿热之功效,可用于治疗泄泻、筋脉拘挛、屈伸不利、水肿、脚气、肠痈淋浊、白带等症。

番茄巧去皮

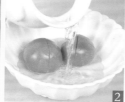

①番茄去蒂,在表面剞上浅十字花刀。
②把番茄放入大碗中,倒入适量沸水。
③浸烫片刻至番茄外皮裂开。
④取出番茄,撕去外皮即可。

巧切洋葱不辣眼

方法一
①我们知道,切制洋葱时特别容易刺激眼睛。
②但在切洋葱之前,将洗净的洋葱放入冷水中浸泡几分钟,就可以有效地避免刺激眼睛而流泪。

方法二
①也可以在切洋葱之前,先用姜片涂抹刀面。
②再切洋葱时就不会流眼泪了。

山药巧加工

用削皮刀削去外皮。　　马上洗几遍手,可止痒。　　切好的山药要立即烹制。　　或泡在淡盐水中防变色。

苦瓜巧去苦味

盐渍法:将切好的苦瓜片放入碗中,加入少许精盐拌匀,腌渍几分钟,再制作成菜,既可减轻苦味,而且苦瓜的风味犹存。

水焯法:苦瓜去瓤,洗净,切成小块,先用沸水焯熟,再捞入冷水中浸泡。这样苦味虽能除尽,但有时会丢掉苦瓜的风味。

水漂法:苦瓜片用冷水边洗边轻轻捏挤,洗一会儿换水再洗,如此反复数次,苦汁随水流失,成菜的苦瓜会微带苦味。

猪腰的处理

  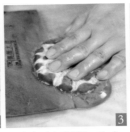 

新鲜的猪腰剥去外膜。　放在案板上,片成两半。　再片去中间腰臊,洗净。　根据菜肴要求改刀即可。

大肠的处理

将大肠翻转,放入盆中。　加入精盐、米醋搓匀。　反复抓洗并换清水洗净。　再翻转过来,用清水浸泡。

里脊肉切片

 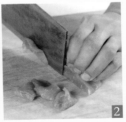
 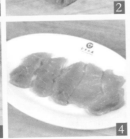
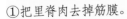

①把里脊肉去掉筋膜。

②用直刀切成大片。

③或将刀倾斜45°。

④由上至下片成里脊薄片。

里脊肉切丁

①将里脊肉先切成厚片。

②再将厚片切成长条状。

③然后切成正方形的丁。

④大丁2厘米,中丁1.2厘米。

13

鸡腿去骨

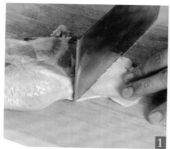  

先用刀将鸡腿的筋切断。 在鸡腿表面划一刀深至骨头。 再沿腿骨一点点将骨肉分离。

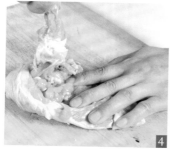 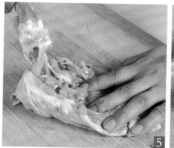 

然后一手握腿骨,一手抓腿肉。 将鸡腿骨慢慢拽出来。 再剔去鸡腿小骨,取净鸡腿肉。

鸭肠的清洗

 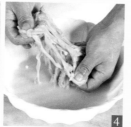

⑤然后放入清水中漂洗干净。

⑥将清洗好的鸭肠放入冷水锅中。

⑦置旺火上烧沸,转小火煮几分钟。

⑧捞出用冷水过凉,沥去水分,即可制作菜肴。

①将鸭肠顺长剪开,刮去油脂。

②放入容器中,加入适量面粉。

③反复抓洗均匀以去除腥味。

④再加入少许白醋继续揉搓。

14

鲤鱼取净肉

①将鲤鱼去鳞、去鳃,剖腹除去内脏。

②切下鱼头,剁去鱼尾。

③再用刀从背部将鱼片成两片。

④然后剔去中间的脊骨,去除肋上骨刺,即成
净鱼肉。

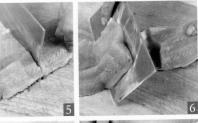

⑤将鱼肉中间切一刀至鱼皮。

⑥一手拽鱼尾,另一手用平刀片入,片下一半鱼肉。

⑦在鱼皮上面切一个小刀口,拽住孔洞。

⑧将另一半鱼肉片下,然后用清水洗净,沥干
水分即可。

★ 馅料的调制 ★

三鲜馅的调制

❶ 原料:虾肉200克,猪肉蓉150克,水发海参100克,草菇、竹笋各50克。

❶ 调料:葱末、姜末各5克,精盐1小匙,味精少许,酱油1大匙,熟猪油、香油各适量。

草菇、竹笋分别洗净,
均切成绿豆大小的粒。

虾肉洗净,沥净水分,
切成小粒。

水发海参洗净杂质,切
成小粒。

将虾肉粒、猪肉蓉、海
参粒放入大碗中。

加入酱油、精盐、熟猪
油稍拌。

再放入葱末、姜末和
味精调匀。

然后加入草菇粒、竹笋
粒拌匀。

最后淋入香油搅拌均
匀即可。

15

秘制南北家常菜 营养篇

现代医学研究表明，人体所需的营养素不下百种，其中一些可自身合成、制造，但有些营养素无法自行合成，必须由外界摄取的约有40余种，经细分之后，可概括为七大营养素，分别为蛋白质、脂肪、碳水化合物、矿物质、维生素、水和膳食纤维。

★ 营养素的黄金搭配 ★

随着人们对健康的关注，食物的营养也越来越受重视，但大部分人关心的往往是某种单一的食物有什么营养，而对于各种营养素的搭配却知之甚少。从现代营养科学的观点看，两种或两种以上的食物，如果搭配合理会起到营养互补、相辅相成的作用，发挥其对人体保健的最大效果。

植物蛋白 + 动物蛋白 ＝达到蛋白质互补的功效

动物蛋白质在吸收利用率方面，都优于植物蛋白质；而植物蛋白质由于必需氨基酸组成不完整，即便是蛋白质含量高，也不能为人体有效吸收利用。但如果将植物蛋白质与动物蛋白质混合搭配食用，可以达到蛋白质互补的功效。其中比较常见的搭配菜式有豆类搭配畜肉、绿色蔬菜搭配海鲜等。

蛋白质 + 镁 ＝有利于发挥生物活性

食物中所含的镁与膳食中蛋白质结合形成络合物，不仅对氧化磷酸化的酶系统的生物活性极为重要，而且与多酶系统都有重要的协同关系，而酶的本身就是蛋白质。因此富镁食物如谷类、豆类等与高蛋白食物如瘦肉、虾米、鸡肉等搭配同食，有利于发挥镁参与有关酶系统的生物活性。

蛋白质 + 锌 ＝促进锌的吸收和利用

我国的膳食结构以谷类、蔬菜等植物性食物为主，食物中不仅含锌量低，而且还影响锌的吸收和利用，如果用富含锌的原料，如蛏干、扇贝、口蘑、香菇、兔肉等搭配富含蛋白质的原料一起制作成菜，可以有效促进锌的吸收。

蛋白质 + 铜 ＝促进食物中铁的吸收

食物中的铜是人体内许多金属酶的组成成分，这些酶是铜与蛋白质的结合体，铜与蛋白质形成的血浆铜蓝蛋白能促进食物中铁的吸收，体现了铜与蛋白质的结合与协同，故富含铜的食物适宜与高蛋白食物搭配同食。

脂肪
＋
蛋白质
=有益于消化蛋白质

含有适量脂肪的蛋白质对于人体内胃的消化是有很多好处的，因为它可以使胃的消化进程慢一些，留较多时间来消化蛋白质。用含有丰富油脂的各种原料，如花生、鸭皮、松子、核桃、杏仁、腰果等搭配水产品、奶类、蛋类等富含蛋白质的食物食用，有益于人体消化蛋白质。

脂肪
＋
维生素A
=帮助吸收维生素A

维生素A和β-胡萝卜素都要在脂肪的帮助下才能吸收，尤其是蔬菜、水果，本身几乎不含脂肪，但含有丰富的维生素A。在摄取维生素A时增加一些油脂，可以很好地帮助人体对维生素A的吸收，也可以提高对β-胡萝卜素的吸收效果。

维生素B_1
＋
维生素B_2
=促进蛋白质的吸收利用

维生素B_1和维生素B_2在机体内的生物氧化和能量代谢中是相辅相成的，它们在人体中的需要量与能量代谢密切相关，并彼此保持平衡。蛋白质的代谢如缺少维生素B_1和维生素B_2的参与，将影响其在体内的吸收和利用。用猪瘦肉搭配绿叶蔬菜、玉米搭配动物肝脏、花生拌菠菜等，可以有效促进蛋白质的吸收。

维生素C
＋
铁
=帮助铁的吸收

铁是红细胞中血红蛋白的重要组成成分，承担着为机体运输氧的作用。而维生素C能增进铁在肠道中的吸收。用富含维生素C的食物，如各种蔬菜搭配富含铁元素的食物，如动物肝脏、动物血等制作成菜，不仅可以帮助铁的吸收，还能提高人体对铁的利用率。

★ 不同人群的饮食健康 ★

幼儿前期的饮食营养

幼儿前期指1～3周岁的儿童，在此期间他们正处在生长发育的旺盛阶段，但生长发育速度比婴儿期要慢。在幼儿前期，幼儿已经断乳，辅助食品逐渐代替母乳转为主食，因此家长应从此期开始根据幼儿生理卫生的特点，给予合理的膳食，培养良好的饮食习惯，并注意调理幼儿的消化吸收能力。

幼儿前期的健康需要逐渐从乳类为主过渡到粮食、肉类、鱼类、蛋类和蔬菜水果等综合性食物。饮食要求少而精，粗细粮搭配、荤素搭配、干稀搭配、软硬适当，并且养成定时、定量的习惯。

幼儿期的饮食营养

幼儿期也是学龄前期，一般指3～6岁儿童。此期儿童生长发育仍较快，语言、动作能力增强，身体骨骼、牙齿、肌肉等均衡生长，因此营养物质需要量较大，必须有足够的热能、蛋白质、维生素、矿物质等以供幼儿期生长发育的需要。

幼儿期由于消化系统尚未完善，消化能力弱，故在饮食安排上要遵循质优、量足、营养平衡、易于消化的原则。饮食结构要合理，主食要提倡粗细搭配、干稀搭配、粗粮细做；副食要荤素搭配、品种丰富，才有利于幼儿的正常生长发育。

学龄儿童期的饮食营养

学龄儿童期指年龄为7～12岁的儿童，是人体第二个生长发育的高峰期。此期儿童活泼好动、新陈代谢旺盛，因此对营养的要求高。学龄儿童期营养供给是否全面充足、比例适宜，不仅关系到生长发育，而且对儿童智力发育极为重要。此期儿童不仅热量需求增加，而且对各种营养素也比幼儿期需求量加大，其中对钙、铁、锌和碘的需要量增加明显。

青春期的饮食营养

青春期是长身体、长体力、长知识，机体各种生理功能逐渐成熟，身体全面发展的重要时期。通常男子的青春期是15～16岁，女子的青春期为13～14岁。

青春期要有足够的热量供给。粮食是我国膳食中主要的热量来源，因此，从青春期开始就要养成吃五谷杂粮的好习惯。青春期青年要补充足够的各种维生素，如维生素A、B族维生素、维生素C和维生素D等，如多食用粗糙谷物、猪肝、鸡蛋、牛奶、蔬菜和水果。其中一般绿色或橙黄色蔬菜水果中含有的维生素等营养物质更适合青年食用。

青年期的饮食营养

青年期是指18～25岁，此阶段是人一生中身心发育的重要时期，人体生长发育相对稳定，身体状况正经历从旺盛到稳定的过程。青年期每天消耗的能量大，如果膳食安排不妥当，营养供给不足，就会影响工作和学习。

青年期要有足够的热能供给。蛋白质是热能的主要来源，谷物中的蛋白质为不完全蛋白质，质量较差，所以青年期的每天饮食中要摄取1/3～1/2的优质蛋白质。要做到这点，就要有计划地将大豆、肉类、蛋类和乳类分配到一日三餐中。

妊娠妇女的饮食营养

妇女受孕后体内的正常物质代谢和各器官的功能都将发生一系列的改变，母体不仅要满足自身的营养需要，而且还要满足胎儿生长发育的需要。为满足胎儿迅速发育的需要，妊娠妇女应合理地、科学地摄入各种营养素，不是摄取的营养素越多越好。如摄入的营养素过多，会使胎儿发育过大，分娩困难，也会使妊娠妇女的体重增加，容易在妊娠后期引起高血压等。

中年期的饮食营养

中年期一般是指30～45岁。中年期是人生的多事之秋，中年人的免疫能力逐渐降低、记忆力减退、消化功能减弱，甚至很多人会出现早衰的现象。可是中年期又是人生中事业的鼎盛期，正是才华横溢的黄金时期。

中年期人们往往忽视了饮食营养的合理供给，不考虑健康养生，造成饮食不合理，饮食习惯不科学，导致患上肥胖病、高血压、冠心病、糖尿病、癌症等。因此中年期要讲究饮食科学，善于饮食保养，保持旺盛充沛的体力和精力，延缓人体老化速度，少生疾病，这是非常重要的。

老年期的饮食营养

人进入老年后，体内的营养消化、吸收功能及机体代谢功能均逐渐减退，从而导致机体各系统组织的功能出现一系列的变化，发生不同程度的衰老和退化。在人的生命旅途中，40岁为一分界线，40岁以前为发育成熟期，身体和精力都日趋旺盛；从40～50岁阶段，机体的形态和功能逐渐出现衰老现象；在60岁以后，衰老现象逐渐明显，主要表现为器官组织逐渐改变，消化吸收功能减退，新陈代谢减慢，内分泌功能衰退，机体免疫抵抗力降低，伴随而来的就是一系列老年性疾病。

★ 一日三餐保健康 ★

一日三餐是保证我们生存和健康的物质基础，而怎样安排好这一日三餐是有学问的。一般情况下，一天需要的营养，应该均摊在三餐之中。每餐所摄取的热量应该占全天总热量的1/3左右，但午餐既要补充上午消耗的热量，又要为下午的工作、学习提供能量，可以多一些。

一日三餐究竟选择什么食物，怎么进行搭配，采用什么方法来烹调都是有讲究的，并且因人而异。一般来说，一日三餐的主食和副食应该粗细搭配，动物性食品和植物性食品要有一定的比例，最好每天吃些豆类、薯类和新鲜蔬菜。一日三餐的科学分配是根据每个人的生理状况和工作需要来决定的。按食量分配，早餐应该占25%～30%，午餐占40%，晚餐占30%～35%比较合适。

早餐

早餐是一天中最重要的一顿饭，切记不可马马虎虎。据了解，有相当一部分人早餐不正规，匆匆吃一点或边走边吃，少部分人根本不吃。其实吃好早餐非常重要，一顿质量好的早餐，可以供给人体和大脑需要的能量和营养素，使人精力充沛，思维活跃，记忆力增强，不吃早餐或吃得太少容易使人没有精神，思维迟钝，记忆力下降，甚至会造成低血糖。

一份营养的早餐应该是营养丰富、干稀平衡、荤素适当、清淡易消化的食物。比如应该包括谷类(馒头、面包、小点心等)、肉蛋类(一个鸡蛋或少量熟肉、肠等)、一杯牛奶(约200毫升)，水果或蔬菜(一些小青菜、泡菜或纯果汁)。至于炸油饼、油条虽是人们所好，但只宜少吃，多吃则对身体不利。

午餐

午餐是一日之正餐，在一天三餐中起着承上启下的作用，这段时间人们的工作、学习各种活动很多，且从午餐到晚餐要相隔5～6小时甚至更长，所以要供给充足的能量和营养素，各种原料要搭配好。

午餐中的主食根据三餐食量配比，应在150～200克，可在米饭、面制品如馒头、面条、大饼中间任意选择，应尽量避免方便面等食品。副食在300克左右，以满足人体对碳水化合物、维生素的需要。副食种类的选择很广泛，如肉蛋、禽类、豆制品、水产、蔬菜等，按照科学配餐的原则挑选几种，相互搭配食用。一般宜选择50～100克的肉禽蛋类，50克豆制品，再配上200克蔬菜，也就是要吃些既耐饥饿又能产生高热量的炒菜。饮料方面最好选择茶等碱性饮料，可以中和酸性食物，达到酸碱平衡。

晚餐

三餐中的晚餐一定要适量。现实生活中，由于大多数家庭晚餐准备时间充裕，吃得丰盛，这样对健康不利。如果晚餐摄入食物过多，血糖和血中氨基酸的浓度就会增高，从而促使胰岛素分泌增加。一般情况下，人们在晚上活动量少，能量消耗低，多余的能量在胰岛素作用下合成脂肪储存在体内，会使体重逐渐增加，从而导致肥胖。此外晚餐吃得过多，会加重消化系统的负担，使大脑保持活跃，从而导致失眠、多梦等。

晚餐的品种应包括谷类、少量动物性食品、大豆制品、蔬菜水果等，其中谷类食物应在125克左右，可在米面食品中选择富含膳食纤维的食物，这类食物既能增加饱腹感，又能促进肠胃蠕动。动物性食品一般摄取量为50克，大豆或其制品30克，蔬菜150克，水果100克。

　　厨房常用工具包含的内容很多，除了一些电器用品，如油烟机、微波炉、冰箱、洗碗机、电饭煲、电磁炉、烤箱等大件外，我们还需要一些基础工具，如铁锅、蒸锅、案板、厨刀、锅铲、漏勺等。

　　另外，在制作菜肴前，我们还需要掌握一些基础知识，如焯水、过油、汽蒸、走红、上浆、挂糊、勾芡、油温、制汤等。而这些相对专业的用语，对于家常菜的色泽、口感、营养等方面都有非常重要的作用。因此，家庭在制作菜肴时，也需要对这些用语加以了解，从而增加对这些烹调常识的认知，才能在制作家常菜时做到心中有数。

★ 家庭常用厨具 ★

铁锅 铁锅虽然看上去笨重些，但它坚实、耐用，受热均匀，且与人们的身体健康密切相关。用铁锅做菜能使菜中的含铁量增加，补充人体中的铁元素，对贫血等缺铁性疾病有一定的功效。从材质上来说，铁锅可分为生铁锅和熟铁锅两类，均具有传热快、外观精美的特点。

汤锅 市场上汤锅的种类比较多，按照材质分，有铝制、搪瓷、不锈钢、不粘锅等。铝制汤锅的特性是热分布优良，传热效果是不锈钢锅的很多倍。但铝锅也不适合长时间存放食物，制作好的汤羹要尽快取出。不锈钢汤锅是由铁铬合金再掺入其他一些微量元素制成的，其金属性能稳定，耐腐蚀。

菜板 木质菜板密度高、韧性强，使用起来很牢固。但有些木制菜板因硬度不够，易开裂且吸水性强，会令刀痕处藏污纳垢，滋生细菌。因此，选用白果木、皂角木、桦木或柳木制成的菜板较好。

　　竹子是一种天然绿色植物，质量相对稳定，使用起来会更加安全一些。只是竹子的生长周期比木头短，所以，从密度上来说稍逊于木头，而且由于竹子的厚度不够，竹案板多为拼接而成，使用时不能重击。

铁锅　　　　　　汤锅

★ 焯 水 ★

焯水又称出水、冒水、飞水等，是指经过初加工的烹饪原料，根据用途的不同放入不同温度的水锅中，加热到半熟或全熟的状态，以备进一步切配成形或正式烹调的初步热处理。

焯水是较常用的一种初步热处理方法。需要焯水的烹饪原料比较广泛，大部分植物性烹饪原料及一些有血污或腥膻气味的动物性烹饪原料，在正式烹调前一般都要焯水。根据投料时水温的高低，焯水可分为冷水锅焯水和沸水锅焯水两种方法。

方法一：冷水锅焯水

冷水锅焯水是将原料与冷水同时入锅加热焯烫，主要适用于异味较重的动物性烹饪原料，如牛肉、羊肉、肠、肚、肺等。

①将需要加工整理的烹饪食材洗净。
②放入锅中，加入适量冷水，上火烧热。
③翻动食材且控制加热时间，捞出沥干即可。

方法二：沸水锅焯水

沸水锅焯水是将锅中的清水加热至沸腾，再放入烹饪原料，加热至一定程度后捞出。沸水锅焯水主要适用于色泽鲜艳、质地脆嫩的植物性烹饪原料，如菠菜、黄花菜、芹菜、油菜、小白菜等。这些原料体积小、含水量多、叶绿素丰富，易于成熟，但是需要注意焯好的蔬菜类原料要迅速用冷水过凉，以免变色。

将原料用清水洗净。　放入沸水锅中焯烫。

翻动均匀并迅速烫好。捞出后用冷水过凉。

焯水一点通

● 焯水时水量要没过原料，在焯水过程中要不时翻动原料，使原料各部分受热均匀。

● 蔬菜类的原料在焯水时，必须做到沸水下锅，火要旺，焯水时间要短，这样才能保持原料的色泽、质感、营养和鲜味。

● 对有特殊气味的原料应分开进行焯水处理。如韭菜、芹菜、牛肉、羊肉、猪肚、狗肉、牛肚、羊蹄等，以免各原料之间吸附和渗透异味，影响原料的口味和质地。

● 鸡肉、鸭肉、蹄子、方肉等原料，在焯水前必须洗净，投入冷水锅中烧沸，焯烫出血水即可捞出，时间不要过长，以免损失原料的鲜味。

● 各种原料均有大小、粗细、厚薄之分，有老嫩、软硬之别，在焯水时应区别对待，控制好焯水的时间。

● 焯水时还需要特别注意，深色原料和浅色原料要分开进行焯水，不能图方便一起下锅焯水，以免浅色的原料染上深色。

★ 家常菜汤汁 ★

在制作家常菜，尤其是家常汤菜时，我们需要根据原料性质、烹调要求、菜肴的档次而制作汤汁，只有掌握制汤方法，才能达到菜肴的要求。家庭中常见的汤汁有荤汤和素汤两大类。

荤白汤的制作

鸡骨架收拾干净，剁成大块。

放入清水中漂洗干净，捞出。

再下入清水锅中煮沸，捞出。

然后换清水，继续烧煮至沸。

撇去浮沫，盖上盖继续加热。

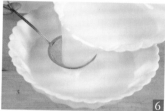

煮至汤汁呈乳白色时，过滤即成。

鱼骨清汤的制作

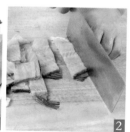

家庭中在制作鱼类菜肴时，往往会将鱼头、鱼骨、鱼皮等杂物剔除，只取净鱼肉使用，而剔出的鱼骨、鱼皮等如果丢弃，就太可惜了。因为鱼骨、鱼皮等含有丰富的胶原蛋白和多种营养素，用它们熬煮成鱼骨清汤，也是非常好的创意。

①将鱼骨、鱼皮等放入容器中，加入适量清水和少许精盐搓洗干净。

②捞出鱼骨、鱼皮等，沥干水分，放在案板上，剁成大块。

③再将鱼骨块、鱼皮块放入清水锅中。

④加入大葱、姜片烧沸，转小火煮30分钟。

⑤然后捞出汤中的鱼骨和其他杂质，放入鸡肉蓉(或猪肉蓉)轻轻搅动，待鸡肉蓉浮于汤面时，捞出鸡肉蓉。

⑥最后加入少许鸡肉蓉，用手勺轻轻搅匀至澄清，离火出锅，过滤后即成鱼骨清汤。

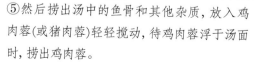

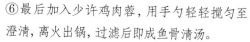

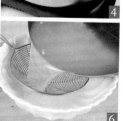

馄饨的成形

❋ 方法一

①馄饨皮放上适量馅料。

②将馅料粘在面皮一角。

③顺势用筷子朝内卷两圈。

④抽出筷子，将两头粘牢。

⑤即成为馄饨生坯。

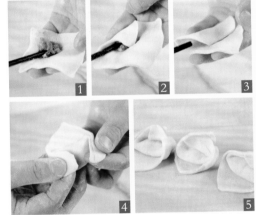

❋ 方法二

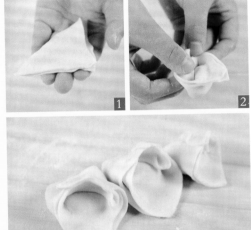

①将馅料抹在皮上。

②对折两次，涂上清水。

③粘合起来成猫耳朵形。

烧卖的成形

用擀面杖压住剂子的边缘。

擀成中间厚、边缘起褶的圆皮。

托在手上，中间放入适量馅料。

用虎口将靠近收口处稍稍挤紧。

再轻轻转动成石榴形烧卖。

烧卖不要封口，口处可见馅料。

23

①春卷皮放在案板上,放上馅料,将下侧的皮向上叠盖在馅料上。

②两头往里叠一下并轻轻压实。

③滚动一下,使上侧的皮叠盖在皮上。

④封口处用清水或面糊粘住,即成春卷生坯。

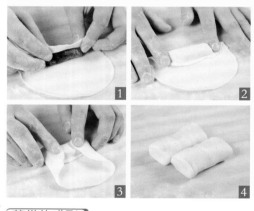

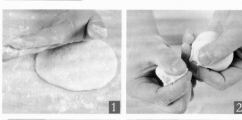

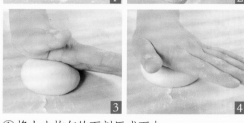

①将大小均匀的面剂压成面皮。

②中间包入馅料后收口。

③放在案板上,用手掌轻轻按压。

④直至成为均匀扁圆的饼形即可。

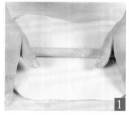

将面团擀制成大薄片。 刷上一层植物油。 均匀地撒上葱花、精盐。 从一侧卷起成长卷。

切成大小合适的面剂。 捏住两头使边稍往上翘。 朝相反方向对拧成卷。 或按压使切面朝上捏实。

反方向对拧一下。 即成单花葱花卷生坯。 还可在剂子中间划一刀。 一头穿过刀口略抻即可。

第一章
蔬菜食用菌

多味沙拉 ★ 蔬菜软嫩，清香味美 ★

原料 ★ 调料

原料	用量
苦苣	50克
生菜	30克
胡萝卜	30克
甘蓝	30克
洋葱	20克
青椒	20克
红椒	20克
水发木耳	20克
玫瑰花瓣	5克
法香末	少许
香葱花	15克
蒜	10克
精盐	2小匙
白糖	1大匙
芝麻酱	1大匙
芥末	少许
酱油	适量
陈醋	适量
白葡萄酒	适量
柠檬汁	适量
花椒油	少许
香油	1/2小匙
橄榄油	适量

制作方法

壹 将原料分别择洗干净，甘蓝、胡萝卜、生菜均切成丝；洋葱一半切成洋葱圈，另一半切成末。

贰 将苦苣切成小段；水发木耳撕成小朵；青椒、红椒一半切成椒圈，另一半切成末。

叁 取大深盘一个，先放入甘蓝丝、苦苣段、生菜丝、水发木耳，再放入青椒圈、红椒圈、洋葱圈，然后撒入玫瑰花瓣、胡萝卜丝。

肆 将芝麻酱、白糖、芥末、香葱花、精盐、陈醋、少许凉开水放入碗中搅匀成芝麻酱芥末味汁❗。

伍 将酱油、花椒油、香油、精盐、白糖、蒜末、香葱花、陈醋放入另一碗中搅匀成椒香沙拉汁。

陆 大碗中加入白葡萄酒、洋葱末、青椒末、红椒末、法香末、橄榄油、柠檬汁、精盐调匀成橄榄油醋汁。

柒 将码好原料的大盘随带3种调味汁一起上桌，根据个人口味拌食即可。

生煎洋葱豆腐饼 ★ 色泽黄亮，外酥里嫩 ★

原料 ★ 调料

洋葱200克，北豆腐150克，猪肉馅100克，香菜30克，鸡蛋1个。

姜块10克，精盐、五香粉各1小匙，味精少许，淀粉3大匙，料酒、香油各2小匙，植物油适量。

制作方法

壹 将豆腐用清水洗净，先切成大片，再用刀背压成豆腐泥；洋葱、姜块分别去皮，洗净，均切成细末；香菜择洗干净，切成细末。

贰 容器中放入猪肉馅、姜末、豆腐泥、香菜末，加入精盐、五香粉、少许淀粉、料酒、香油、鸡蛋液、味精搅匀至上劲。

叁 洋葱末放入碗中，加入淀粉调拌均匀，再与肉馅一起团成团❶，压成饼状。

肆 锅置火上，加入植物油烧热，放入洋葱饼煎至熟嫩，出锅装盘即可。

秘制南北家常菜

28

沙茶茄子煲 ★茄子软嫩,沙茶味浓★

原料 ★ 调料

长茄子300克,牛肉馅150克,鲜香菇100克,洋葱50克,青椒、红椒各30克。

味精少许,沙茶酱、蚝油各2小匙,料酒1大匙,酱油、水淀粉各2大匙,植物油适量。

制作方法

壹 将长茄子去蒂,洗净,切成滚刀块;鲜香菇去蒂,洗净,切成小块;洋葱去皮,洗净,切成小块;青椒、红椒分别去蒂及籽,洗净,均切成小块。

贰 锅中加油烧至六成热,放入洋葱块略炒一下,再放入茄子块、鲜香菇,用小火煸炒至七分熟,出锅装盘。

叁 牛肉馅放入碗中,加入料酒、酱油调拌均匀,再放入烧至六成热的油锅中炒散。

肆 然后加入蚝油、沙茶酱、酱油及适量清水烧沸,放入炒好的茄子块❗青椒块、红椒块炒匀,用水淀粉勾芡,加入味精,装入煲中,上桌即成。

双瓜熘肉片 ★ 色泽美观，营养丰富 ★

原料 ★ 调料

西瓜皮、黄瓜各100克，猪里脊肉50克，木耳20克。

葱花、姜片、蒜片各10克，精盐、味精、白糖、胡椒粉、香油、水淀粉、植物油各适量。

制作方法

壹 将西瓜皮去掉青皮，切成小块；黄瓜洗净，去瓤，切成斜刀片；木耳用清水浸泡至涨发，换清水洗净，撕成大块。

贰 将西瓜块、黄瓜块一同放入碗中，加入少许精盐拌匀，腌渍出水分。

叁 猪里脊肉洗净，切成薄片，放入碗中，加入少许精盐、白糖、淀粉抓匀上浆❗，再下入沸水锅中略烫，捞出。

肆 锅中加入适量植物油烧热，放入葱花、姜片、蒜片炒香，再加入适量清水、精盐、白糖烧沸。

伍 然后放入木耳块、猪里脊肉片、双瓜片略烧，用水淀粉勾芡，淋入香油，撒上胡椒粉，出锅装盘即可。

香辣藕丝 ★藕丝脆嫩，香辣味美★

原料 ★ 调料

莲藕400克，熟芝麻25克，香菜15克。

大葱10克，小红辣椒5克，胡椒粉、味精各少许，精盐1小匙，料酒1大匙，淀粉3大匙，植物油500克(约耗50克)。

制作方法

壹 将莲藕去掉藕节，削去外皮，用清水浸泡并洗净，捞出沥净水分，切成细丝，放入清水中泡好，再取出莲藕丝，控干水分。

贰 将莲藕丝放在容器内，撒上淀粉，充分调拌均匀，使藕丝粘上一层淀粉；香菜去根，洗净，切成小段；大葱洗净，切成丝；小红椒切碎粒。

叁 净锅置火上，加入植物油烧热，放入莲藕丝炸至金黄色❗，捞出。

肆 锅中留底油，复置火上烧热，放入炸好的藕丝炒匀，再加入精盐、胡椒粉、味精稍炒，撒上熟芝麻、小红椒、香菜段、葱丝炒匀，出锅装盘即可。

秘制拉皮

★ 拉皮软糯爽滑, 口味麻辣浓香 ★

原料 ★ 调料

拉皮	300克
黄瓜	100克
胡萝卜	50克
香菜	20克
熟芝麻	少许
干辣椒	15克
花椒	15克
蒜瓣	10克
白糖	2小匙
精盐	1小匙
味精	1/2小匙
芥末油	少许
酱油	3大匙
芝麻酱	3大匙
陈醋	4小匙
植物油	适量

制作方法

壹 拉皮切成小段, 放入沸水锅中焯烫一下, 捞出过凉, 装入盘中。

贰 黄瓜洗净, 切成细丝; 胡萝卜去皮, 洗净, 切成细丝; 蒜瓣去皮, 洗净, 切成细末; 香菜择洗干净, 切成小段。

叁 锅中加入植物油烧热, 放入花椒炸香, 再放入干辣椒略炸, 出锅装碗成辣椒油。

肆 取小碗1个, 加入精盐、酱油、陈醋、白糖、芥末油、蒜末、味精、芝麻酱调匀成味汁。

伍 拉皮盘中放入黄瓜丝、胡萝卜丝、香菜段, 浇上调好的味汁 !, 再淋上辣椒油, 撒上熟芝麻, 上桌即可。

热拌粉皮茄子

★ 茄子软滑，粉皮糯香 ★

原料 ★ 调料

茄子400克，粉皮150克，胡萝卜、黄瓜各50克，香菜段15克，熟芝麻少许。

花椒15粒，葱丝10克，姜丝、蒜末各5克，干辣椒6个，精盐、白糖各2小匙，味精少许，酱油5小匙，米醋2大匙，香油1小匙，植物油适量。

制作方法

壹 茄子去蒂，洗净，切成滚刀块，放入淡盐水中浸泡15分钟；胡萝卜洗净，切成丝；黄瓜去蒂，洗净，切成丝；粉皮切成条。

贰 锅置火上，加入植物油烧热，先下入花椒、干辣椒炸至酥香，再放入胡萝卜丝翻炒均匀，然后下入葱丝、姜丝炒香出味。

叁 最后加入酱油、米醋、精盐、味精、白糖调味，盛入碗中。

肆 将茄子块攥干水分，放入热油锅中煎熟 ⚠，盛入盘中，再放上粉皮、黄瓜丝，然后撒上蒜末，淋入香油，浇上味汁，最后撒上香菜段、熟芝麻即可。

秘制南北家常菜

八宝山药 ★ 色泽美观，软嫩甜香 ★

原料 ★ 调料

山药200克，果脯、葡萄干、核桃仁、豆沙馅各适量。

蜂蜜、水淀粉、植物油各少许。

制作方法

壹 将山药刷洗干净，放入蒸锅内，用旺火蒸熟，取出晾凉；取大碗，先在内侧涂抹上植物油，放上少许果脯。

贰 将蒸熟的山药去皮，切成小段，用刀面拍成泥，放入大碗内，然后撒上一层果脯和核桃仁，放上豆沙馅，再放上一层山药泥。

叁 撒上一层果脯和豆沙馅，最后放入剩余的山药泥和果脯压实，将八宝山药碗放入蒸锅内，用旺火蒸约20分钟，取出，扣在盘内 ❗。

肆 净锅置火上，加入蜂蜜和少许清水烧沸，用水淀粉勾芡，出锅浇在八宝山药上即可。

自制朝鲜泡菜 ★ 白菜脆嫩, 辣香味浓 ★

原料 ★ 调料

大白菜1棵, 韭菜15克, 苹果、鸭梨各1个。

大蒜50克, 姜块75克, 辣椒粉250克, 蜂蜜4大匙, 精盐2小匙。

制作方法

壹 大蒜剥去外皮, 用清水洗净; 韭菜洗净, 切成碎末; 鸭梨、苹果洗净, 削去外皮, 去掉果核, 切成小块, 放入搅拌机中, 加入蜂蜜、精盐打成碎末。

贰 再加入大蒜瓣、姜块和韭菜末, 再次打碎搅匀成浆, 取出倒在容器内, 放入辣椒粉后拌匀成辣椒酱。

叁 将大白菜用清水洗净, 先顺切成两半, 再把每半切成四条, 用手一层一层抹上辣椒酱 ❗, 盖上盖, 腌制7天即可。

咸酥莲藕 ★泽淡雅,鲜咸酥香★

原料 ★ 调料

莲藕200克,芝麻150克,青、红椒末各少许。

精盐、味精、五香粉、泡打粉各少许,淀粉3大匙,面粉2大匙,植物油适量。

制作方法

壹 莲藕去掉藕节,用清水洗净,削去外皮,改刀切成片;锅置火上,加入适量清水烧沸,放入藕片焯烫一下,捞出用凉水过凉,沥干水分。

贰 将面粉、淀粉、泡打粉、五香粉、精盐和少许清水搅拌均匀成糊,再放入莲藕片拌匀,放入芝麻里蘸匀芝麻成生坯。

叁 净锅置火上,加入植物油烧至六成热,放入莲藕片炸至酥脆❗,捞出沥油。

肆 原锅留底油烧至七成热,放入青、红椒末煸炒出香味,再放入炸好的莲藕片,加入精盐、味精快速翻炒均匀,即可出锅装盘。

紫菜蔬菜卷 ★色泽美观, 鲜咸适口★

原料★调料

菠菜	150克
绿豆芽	100克
胡萝卜	50克
紫菜	2张
鸡蛋	3个
精盐	1小匙
芥末	1小匙
香油	1小匙
白糖	2小匙
酱油	2小匙
芝麻酱	2大匙
白醋	1大匙
水淀粉	1大匙

制作方法

壹 菠菜去根和老叶, 用清水洗净, 放入沸水锅中焯烫一下, 捞出过凉; 胡萝卜去皮, 洗净, 切成细丝; 绿豆芽去掉根, 洗净。

贰 净锅置火上, 加入适量清水烧沸, 分别放入胡萝卜丝、绿豆芽焯烫一下, 捞出过凉。

叁 将鸡蛋磕入碗内, 加入少许精盐和水淀粉搅拌均匀成鸡蛋液。

肆 将芝麻酱、酱油、白醋、白糖、香油、芥末、精盐和清水放入碗内调匀成味汁❗。

伍 净锅置火上烧热, 倒入少许调好的鸡蛋液, 摊成鸡蛋皮后取出。

陆 将紫菜放在案板上, 先摆上鸡蛋皮, 将多余的鸡蛋皮切丝, 放在上面。

柒 再放上焯好的菠菜、胡萝卜丝、绿豆芽卷成蔬菜卷, 切段后装盘, 随味汁一同上桌蘸食即可。

银杏炒五彩时蔬 ★色泽淡雅,鲜香味美★

原料 ★ 调料

银杏、西芹、山药、百合、水发银耳、水发木耳、鲜香菇、枸杞子各适量。

葱末10克,姜末5克,精盐、料酒各2小匙,味精少许,胡椒粉、水淀粉各1/2小匙,植物油适量。

制作方法

壹 西芹择洗干净,切成片;山药去皮,洗净,切成薄片;百合去根、去皮,洗净,掰成瓣。

贰 鲜香菇去蒂,洗净,切成块;水发银耳、水发木耳分别去蒂,洗净,均撕成小朵。

叁 锅置火上,加入植物油烧热,先下入葱末、姜末炒出香味,再放入芹菜片、山药片、香菇块、木耳、银耳、银杏、百合瓣翻炒均匀。

肆 然后加入精盐、料酒、胡椒粉炒匀调味,调入味精,用水淀粉勾芡,撒上枸杞子❗,出锅装盘即可。

素海参烧茄子 ★ 茄子软糯，清香适口 ★

原料 ★ 调料

茄子150克，紫菜50克，青椒、红椒各30克，面粉70克，鸡蛋1个。

大葱、姜块、蒜瓣各15克，精盐2小匙，味精1/2小匙，白糖4小匙，酱油1大匙，料酒少许，水淀粉2大匙，植物油适量。

制作方法

壹 将大葱择洗干净，切成小段；姜块去皮，洗净，切成细末；蒜瓣去皮，洗净，切成蒜片；将青椒、红椒去蒂及籽，洗净，切成小块；茄子去蒂，洗净，切成小条。

贰 紫菜放入清水中浸泡一下，捞出沥干，放入碗中，加入鸡蛋、面粉、姜末及少许植物油调匀。

叁 锅中加入植物油烧至七成热，放入挂好面粉糊的紫菜炸至浮起成海参状，捞出沥油；再放入茄条复炸一下，捞出沥油。

肆 坐锅点火，加入底油烧至六成热，放入蒜片略炸出香味，再放入葱段、精盐、味精、料酒、酱油、白糖、胡椒粉及适量清水，用大火烧开❗，待汤汁浓稠。

伍 然后放入炸好的茄子、素海参、青椒块、红椒块翻炒均匀，用水淀粉勾芡，出锅装盘即可。

酱香蓑衣长茄子 ★ 造型美观，酱香浓郁 ★

原料 ★ 调料

长茄子2个，猪肉馅75克，青豆25克。

大葱、姜块各5克，蒜瓣10克，精盐、水淀粉、香油各少许，胡椒粉1小匙，白糖2小匙，甜面酱3大匙，料酒2大匙，植物油2大匙，花椒油少许。

制作方法

壹 将长茄子去蒂，洗净，在表面剞上3/4深的直刀，再将长茄子翻过来，继续剞上相交的一字刀成蓑衣状。

贰 将茄子放在小盆内，加入清水和精盐拌匀，浸泡片刻；大葱、姜块洗净，切成碎末；蒜瓣去皮，切成末。

叁 将电饼铛预热，放入茄子，加入少许植物油，盖上盖焖熟，取出装盘。

肆 锅中加油烧热，放入葱末、姜末煸炒香，再放入猪肉馅煸炒出香味，然后改用小火，放入甜面酱略炒一下。

伍 再加入料酒、白糖、胡椒粉及少许清水烧沸，用水淀粉勾芡，最后放上青豆翻匀，浇在茄子上，撒上蒜末，淋入烧热的花椒油❶，即可上桌食用。

油吃鲜蘑 ★色泽淡雅，软嫩清香★

原料 ★ 调料

鲜蘑100克，黄瓜50克，胡萝卜30克，银耳20克。

姜块、葱段、精盐、味精、白糖、胡椒粉、橄榄油、植物油各适量。

制作方法

壹 将鲜蘑去根，洗净，撕成小片；银耳用清水浸泡一下，去根，撕成小朵。

贰 黄瓜洗净，对半切开，去除瓜瓤，片成小片，加入精盐腌一下；胡萝卜洗净，切成象眼片；姜块去皮，洗净，切成细末。

叁 取小碗，加入姜末、精盐、味精、胡椒粉、白糖、小葱、橄榄油拌匀，再浇入热油成味汁。

肆 锅中加入适量清水烧沸，放入鲜蘑、胡萝卜、银耳焯烫至熟，捞出沥干。

伍 锅中留底油烧至六成热，放入鲜蘑、黄瓜、胡萝卜、银耳略炒，倒入味汁炒匀！，出锅装盘即可。

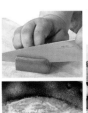

秘制南北家常菜

43

土豆丸子地三鲜 ★ 三鲜软糯, 酱香味浓 ★

原料 ★ 调料

土豆	200克
茄子	100克
青椒	1个
红椒	1个
鸡蛋	2个
大葱	少许
姜块	少许
蒜瓣	少许
精盐	1小匙
淀粉	1小匙
面粉	2小匙
米醋	2小匙
胡椒粉	少许
酱油	1大匙
料酒	1大匙
白糖	1/2小匙
植物油	适量

制作方法

壹 茄子去皮, 洗净, 切成大块, 在表面剞上花刀; 青椒、红椒去蒂及籽, 洗净, 切成小条。

贰 蒜瓣洗净, 拍成碎末; 大葱、姜块分别洗净, 切成细末; 土豆洗净, 放入清水锅内煮熟, 捞出晾凉, 剥去外皮。

叁 将土豆用刀碾碎, 放入碗中, 加入鸡蛋、淀粉、面粉、精盐搅匀。

肆 锅中加入植物油烧热, 将土豆泥捏成丸子, 放入油锅中炸透❶, 捞出沥油; 待锅内油温升高后, 再放入茄子块炸至熟嫩, 捞出。

伍 将葱末、姜末、蒜末、酱油、料酒、胡椒粉、白糖和米醋一同放入碗中搅匀成味汁。

陆 锅中留底油烧热, 放入调好的味汁, 加入味精烧沸, 用水淀粉勾芡, 再放入土豆球、茄子、青椒、红椒块炒匀, 撒上蒜末, 出锅装盘即可。

油焖春笋

★ 春笋软嫩，酱汁浓香 ★

原料 ★ 调料

春笋300克，莴笋150克，五花肉、咸肉各50克。

葱末、姜末各10克，精盐2小匙，料酒1小匙，酱油1大匙，甜面酱2大匙，香油少许，植物油适量。

制作方法

壹 将春笋去皮，洗净，切成滚刀块，放入碗中，加入少许酱油搅拌均匀。

贰 将咸肉、五花肉均洗净，切成小块，分别放入沸水锅中焯透，捞出沥干水分。

叁 莴笋洗净，切成小条，放入沸水锅中焯烫一下，捞出沥干；取小碗，加入精盐、酱油、料酒、甜面酱调匀成味汁。

肆 坐锅点火，加入植物油烧至七成热，放入春笋略炸一下❗，捞出沥油。

伍 锅中加油烧热，先放入葱末、姜末炒出香味，再放入咸肉、五花肉略炒一下，然后放入莴笋片、春笋块，倒入调好的味汁翻炒均匀，淋入香油，出锅装盘即可。

金针菇小肥羊 ★ 金针软嫩, 肥羊清香 ★

原料 ★ 调料

鲜金针菇300克, 嫩羊肉片200克, 红椒少许。

葱花、姜末、蒜末各10克, 精盐2小匙, 味精1小匙, 白糖1大匙, 酱油2大匙, 蚝油4小匙, 啤酒100克, 番茄酱少许, 花椒油、植物油各适量。

制作方法

壹 将鲜金针菇去根, 洗涤整理干净, 分成小朵; 红椒去蒂及籽, 洗净, 切成细末。

贰 坐锅点火, 加入植物油烧至六成热, 先下入蒜末、姜末炒出香味。

叁 再加入蚝油、番茄酱、酱油、啤酒、精盐、味精、白糖及适量清水烧沸, 然后放入嫩羊肉片煮至肉片变色, 捞出沥干, 装入碗中。

肆 锅中汤汁上火烧沸, 放入金针菇烫熟, 倒入羊肉碗中, 撒上红椒丁、葱花, <u>淋入烧热的花椒油</u> ❗, 即可上桌食用。

47

素鳝鱼炒青笋 ★ 色泽美观, 软滑咸香 ★

原料 ★ 调料

鲜香菇400克, 青笋50克, 香菜25克, 红椒末少许。

葱末、姜末、蒜末各适量, 酱油、料酒各1大匙, 精盐、白糖、胡椒粉、水淀粉、味精各适量, 植物油少许。

制作方法

壹 将鲜香菇用清水洗净, 再用热水略烫一下, 捞出去蒂, 用剪刀把香菇剪成鳝鱼状, 攥干水分。

贰 青笋洗净, 改刀切成细丝, 用沸水焯烫一下, 捞出沥干; 香菜择洗干净, 切成小段。

叁 将香菇丝加入淀粉拌匀, 再放入沸水锅内焯烫一下, 捞出过凉, 沥干水分; 姜末、酱油、料酒、精盐、胡椒粉、白糖、清水、水淀粉、味精搅匀成味汁。

肆 净锅置火上, 加入植物油烧至六成热, 倒入调好的味汁炒匀 ❗, 再放入香菇丝、笋丝翻炒均匀, 出锅装盘。

伍 撒上蒜末、香菜段、葱末、红椒末, 淋入少许热油, 即可上桌食用。

银耳雪梨羹 ★银耳雪梨软滑，口味甜润清香★

原料 ★ 调料

雪梨2个，干银耳15克，马蹄（荸荠）15粒，枸杞子适量。

冰糖、牛奶各适量。

制作方法

壹 将银耳泡发，去蒂，洗净，撕成小朵；雪梨洗净，去皮，切成大块；马蹄去皮，洗净；枸杞子用清水浸泡并洗净，沥去水分。

贰 将雪梨块、银耳、马蹄、冰糖放入电压力锅中，再加入适量清水，盖上盖，煲压40分钟至浓稠，取出后倒入大碗中，撒上少许枸杞子❗。

叁 炒锅置火上，加入牛奶煮沸，出锅倒入盛有雪梨、银耳碗中即可。

秘制南北家常菜

49

鸡蓉南瓜扒菜心 ★色形美观,软嫩清香 ★

原料 ★ 调料

娃娃菜 ·············· 300克
鸡胸肉 ·············· 100克
南瓜 ················· 50克
枸杞子 ··············· 10克
葱段 ················· 15克
精盐 ················· 2小匙
味精 ················· 1小匙
水淀粉 ··············· 适量
植物油 ··············· 适量

制作方法

壹 南瓜削去外皮,用清水浸泡并洗净,切成小块,放入蒸锅中蒸熟,取出。

贰 鸡胸肉去掉筋膜,洗净杂质,沥净水分,切成小片;娃娃菜洗净,切成长条❶,放入沸水锅中焯烫一下,捞出沥干。

叁 将鸡胸肉片放入粉碎机中,加入葱段、精盐、南瓜及适量清水搅打成鸡蓉。

肆 净锅置火上,加入植物油烧至六成热,放入打好的鸡蓉略炒一下,再加入精盐、味精及适量清水,放入娃娃菜炖煮片刻。

伍 取出娃娃菜,码放入盘中,鸡蓉用水淀粉勾芡,放入枸杞子调匀,出锅浇在娃娃菜上即成。

风琴土豆片 ★酥软糯香，味美适口 ★

原料 ★ 调料

土豆200克，培根100克，洋葱、芹菜各50克。

精盐2小匙，黑胡椒1小匙，味精少许，白兰地酒2大匙，黄油4小匙。

制作方法

壹 将土豆去皮，洗净，剞上蓑衣花刀，撒上少许精盐腌渍片刻；洋葱洗净，切成细末；芹菜择洗干净，切成细末；培根切成小片。

贰 将培根片夹在切好的土豆缝隙里，放在锡箔纸上，抹匀黄油，包好后放入电饼铛中烤熟❶，取出装盘。

叁 锅置火上烧热，放入黄油煸炒至熔化，再放入少许培根片、芹菜、洋葱略炒一下。

肆 然后加入黑胡椒、精盐、味精炒出香味，烹入白兰地酒，出锅装入烤好的培根土豆片盘中，即可上桌食用。

酸辣蓑衣黄瓜 ★黄瓜脆嫩, 酸辣浓鲜★

原料 ★ 调料

黄瓜1根。

姜块30克, 葱段、红干辣椒各15克, 精盐、白糖、白醋、香油各适量。

制作方法

壹 黄瓜去蒂, 洗净, 先剞上蓑衣花刀, 再加入精盐揉搓均匀, 腌10分钟。

贰 将姜块去皮, 洗净, 先切成片, 再切成细丝; 葱段、红干辣椒分别洗净, 均切成细丝, 放入碗中。

叁 锅置火上, 加入香油烧热, 倒入盛有葱丝、姜丝、红干辣椒丝的碗中炸出香味。

肆 晾凉后加入白糖、精盐、白醋调拌均匀至白糖化开成味汁; 将腌好的黄瓜沥去腌汁❗, 摆入盘中, 浇上调好的味汁即可。

糖醋藕丁

★ 藕丁嫩滑，酸甜味美 ★

原料 ★ 调料

菜花300克，莲藕150克，青椒片、红椒片各30克。

精盐、酱油各1小匙，味精少许，白糖4小匙，咖喱粉3大匙，米醋2大匙，料酒2小匙，水淀粉1大匙，植物油适量。

制作方法

壹 将菜花掰成小朵，洗净，放入沸水锅中焯烫一下，捞出沥水，加入少许精盐和味精拌匀。

贰 咖喱粉放入碗中，加入少许清水搅匀成咖喱粉糊，再倒入热油调匀出香味，然后放入菜花拌匀，码放入盘中。

叁 将莲藕去掉藕节，削去外皮，洗净，切成丁；碗中加入白糖、米醋、料酒、酱油、精盐和少许清水调匀成味汁。

肆 净锅置火上，加入植物油烧热，放入藕丁冲炸一下，再放入青椒片、红椒片滑油，捞出沥油。

伍 锅复置火上，倒入味汁炒沸，用水淀粉勾芡，再放入炸好的藕丁和青红椒片炒匀，出锅倒入菜花盘中即可。

素脆鳝 ★外酥里嫩, 鲜咸酸香★

原料 ★ 调料

香菇100克, 香菜15克, 熟芝麻少许。

葱白15克, 姜块10克, 精盐1小匙, 胡椒粉1/2小匙, 白糖2大匙, 酱油2小匙, 香醋3大匙, 淀粉100克, 植物油300克 (约耗50克)。

制作方法

壹 姜块去皮, 洗净, 切成细末; 葱白洗净, 切成细丝; 香菜择洗干净, 切成小段。

贰 将香菇泡发, 洗涤整理干净, 用剪刀剪成鳝鱼丝状, 放入碗中, 加入淀粉及少许清水抓拌均匀。

叁 取小碗, 加入香醋、白糖、酱油、精盐、胡椒粉调拌均匀成味汁。

肆 锅中加入植物油烧至六成热, 逐条放入香菇丝炸至酥脆、呈金黄色时, 捞出沥油。

伍 锅中留底油烧热, 下入姜末炒香, 再倒入调好的味汁烧浓, 然后加入胡椒粉, 放入炸好的香菇丝炒匀, 出锅装盘, 撒上熟芝麻、葱丝、香菜段即可。

虾子冬瓜盅 ★ 冬瓜软糯，清香味美 ★

原料 ★ 调料

冬瓜	1个
猪肉馅	250克
虾子	25克
香菇	15克
鸡蛋	1个
马蹄	适量
冬笋	适量
大葱	10克
姜块	10克
精盐	2小匙
味精	适量
料酒	1大匙
胡椒粉	少许
香油	少许

制作方法

壹 将香菇洗净，去掉菌蒂，放入小碗内，加入清水浸泡至涨发，取出，切成薄片；泡香菇的水过滤备用。

贰 将大葱、姜块分别洗净，改刀剁成细末；马蹄洗净，切成小片；冬笋洗净，改刀切成片。

叁 将冬瓜切成两半，做成盅状后，把瓜瓤掏空；猪肉馅放在容器内，加入鸡蛋、料酒、香油、精盐、胡椒粉、味精调匀。

肆 再加入葱末、姜末、香菇、泡香菇的水、马蹄、冬笋和虾子拌匀成馅料。

伍 将调好的馅料放入冬瓜盅内，盖上冬瓜盖，放在蒸锅里，用旺火蒸约20分钟 ❗ 后取出即可。

糟香五彩 ★ 色泽美观, 鲜咸清香 ★

原料 ★ 调料

茭白100克, 青椒、红椒各1个, 鲜香菇、冬菇各50克。

葱末、姜末各5克, 酒糟3大匙, 精盐、胡椒粉、味精、香油各少许, 酱油1小匙, 白糖、水淀粉各2小匙, 植物油适量。

制作方法

壹 将茭白去根和外皮, 青椒、红椒去蒂和籽, 分别洗净, 均切成小条; 鲜香菇洗净, 去蒂, 切成条; 冬笋去根, 洗净, 切成小条。

贰 净锅置火上, 加入植物油烧至六成热, 先放入冬笋条冲炸一下, 再放入茭白条冲炸约2分钟❗, 然后放入香菇条炸香, 一起取出沥油。

叁 锅中留底油, 复置火上烧热, 下入葱末、姜末煸炒出香味, 再放入酒糟、白糖、精盐和酱油, 用旺火烧沸, 加入胡椒粉炒浓。

肆 然后放入茭白、香菇、冬笋、青椒条、红椒条翻炒均匀, 加入味精炒匀, 用水淀粉勾薄芡, 淋上香油炒匀, 离火出锅, 装盘上桌即可。

鲜蔬排叉

★ 排叉金黄酥香，鲜蔬鲜咸味美 ★

原料 ★ 调料

面粉200克，莲藕50克，青椒块、红椒块各20克，木耳5克，芝麻少许，鸡蛋1个。

葱末、姜末各10克，精盐、料酒各2小匙，水淀粉1大匙，味精、植物油各适量。

制作方法

壹 莲藕去皮、去藕节，洗净，切成片；木耳用温水浸泡至涨发，再换清水洗净，撕成小块。

贰 面粉放入容器中，加入鸡蛋液、精盐和少许清水揉匀成面团，饧5分钟，擀成大薄片，先切下3条，切成菱形片。

叁 剩下的面片刷上少许清水，撒上芝麻，切成长条，再切成长段，表面剞上3刀，拧成螺丝状排叉。

肆 净锅置火上，加入植物油烧热，分别下入螺丝状排叉和菱形排叉炸至金黄色，捞出沥油。

伍 锅留底油烧热，放入青、红椒块、莲藕片、木耳炒匀，再加入料酒、清水、精盐和味精烧至入味，用水淀粉勾芡，放入菱形排叉和螺丝状排叉稍炒，出锅装盘即可。

梅汁咕咾菜花 ★色泽美观, 酸甜适口★

原料 ★ 调料

菜花200克, 青椒、红椒各15克, 话梅适量, 鸡蛋黄1个, 面粉30克。

精盐1小匙, 味精少许, 白糖4小匙, 番茄沙司4大匙, 苏打粉1/2小匙, 淀粉1大匙, 水淀粉2大匙, 植物油适量。

制作方法

壹 青椒、红椒去蒂及籽, 洗净, 切成小块; 话梅用水浸泡出话梅汁。

贰 菜花择洗干净, 切成小朵, 放入清水中焯烫一下, 捞出沥干。

叁 取小碗, 加入面粉、淀粉、苏打粉、精盐、鸡蛋黄、清水、植物油调匀成软炸糊, 放入菜花沾匀软炸糊, 再放入热油锅中炸熟, 捞出沥油。

肆 锅中留底油烧热, 放入番茄沙司、话梅汁、白糖、味精、精盐调味, 用水淀粉勾芡, 放入炸好的菜花❗、青椒、红椒块炒匀, 即可出锅装盘。

素鱼香肉丝 ★荤菜素做，鱼香味浓★

原料 ★ 调料

鲜香菇300克，冬笋100克，韭黄段70克，水发木耳40克，青椒丝、红椒丝各20克。

葱丝、姜丝各15克，精盐、胡椒粉各1小匙，白糖3小匙，豆瓣酱4大匙，料酒5小匙，酱油2小匙，陈醋4小匙，淀粉、水淀粉、植物油各适量。

制作方法

壹 水发木耳去蒂，洗净，切成丝；冬笋洗净，切成丝；鲜香菇去蒂，洗净，剪成丝状，放入大碗中，加入2小匙料酒、1小匙精盐、胡椒粉、淀粉抓拌均匀。

贰 锅置火上，加入清水烧沸，放入香菇丝焯烫一下，捞出沥水。

叁 碗中加入2小匙酱油、1大匙白糖、料酒、4小匙陈醋、少许清水调匀成味汁。

肆 锅置火上，加入植物油烧热，先下入葱丝、姜丝炒香，再加入豆瓣酱炒出红油❗。

伍 然后放入冬笋丝、青椒丝、红椒丝、木耳丝煸炒均匀，烹入调好的味汁炒匀，用水淀粉勾芡，最后放入韭黄段、香菇丝翻炒均匀，出锅装盘即可。

秘制南北家常菜

61

苦瓜蘑菇松 ★ 红绿相映, 浓鲜适口 ★

原料 ★ 调料

苦瓜	300克
鸡腿菇	75克
芝麻	25克
大葱	15克
白糖	1小匙
味精	少许
酱油	3小匙
植物油	2大匙
料酒	2大匙
香油	2小匙

制作方法

壹 将苦瓜去掉瓜瓤, 用清水浸泡并洗净, 用刮皮刀刮成薄片; 大葱去根和老叶, 用清水洗净, 沥净水分, 切成葱花。

贰 将鸡腿菇用清水洗净, 沥净水分, 用刀面拍一下, 再切成细丝。

叁 净锅置火上, 加入植物油烧热, 放入葱花爆锅出香味, 再放入鸡腿菇丝, 用中小火煸炒约5分钟至金黄色。

肆 然后加入料酒、酱油、白糖、味精、香油炒匀, 撒入芝麻调匀。

伍 出锅后晾凉成蘑菇松, 再加入苦瓜片调拌均匀❗, 装盘上桌即可。

甜木耳炒山药 ★色泽美观，鲜咸清香★

原料 ★ 调料

山药300克，木耳50克，甜蜜豆200克，枸杞子少许。

葱花10克，精盐2小匙，味精1小匙，水淀粉、植物油各适量。

制作方法

壹 将山药去皮，用清水浸洗干净，沥干水分，切成薄片，放入清水中浸泡；取小碗，放入枸杞子，加入水淀粉、精盐及少许清水调拌均匀成味汁。

贰 将木耳放入温水中浸泡一下，捞出冲净，撕成小朵；甜蜜豆择洗干净待用。

叁 锅中加入适量清水烧沸，依次放入木耳、甜蜜豆、山药片焯烫一下，捞出冲凉，沥干水分。

肆 坐锅点火，加入适量植物油烧至七成热，先下入葱花炒出香味，再倒入调好的味汁❗，放入甜蜜豆、山药片、木耳略炒一下，然后加入味精调好口味，出锅装盘即可。

双色如意鸳鸯羹

★ 造型美观, 甜润奶香 ★

原料 ★ 调料

南瓜200克, 细豆沙150克, 净枸杞子、芝麻各少许。

冰糖5小匙, 糖桂花1大匙, 水淀粉适量, 牛奶240克。

制作方法

壹 将南瓜切成大块, 去掉瓜瓤, 洗净, 放入盘中, 入锅用旺火蒸约10分钟至软嫩, 取出晾凉, 去皮取肉, 放入搅拌器中, 加入牛奶和少许清水打成泥, 倒入容器中。

贰 细豆沙放入搅拌器中, 加入糖桂花、清水打成蓉泥, 倒入碗中; 取2个纸杯, 用剪刀剪开后放在容器中摆成S型。

叁 锅置火上, 倒入豆沙泥烧沸, 再加入冰糖熬煮至溶化, 用水淀粉勾芡, 倒入碗中。

肆 净锅置火上, <u>倒入南瓜泥烧煮至沸</u> ❗, 用水淀粉勾芡, 倒入容器中。

伍 把南瓜羹、豆沙羹分别倒入S形容器内, 南瓜羹上撒入枸杞子, 豆沙羹上撒上芝麻, 取出纸杯即可。

朝鲜辣酱黄瓜卷 ★造型美观，鲜辣浓香★

原料 ★ 调料

黄瓜、胡萝卜各1根，白梨1个，熟芝麻少许。

蒜蓉5克，精盐1/2大匙，朝鲜甜辣酱、香油各3小匙。

制作方法

壹 胡萝卜去根，洗净，切成细丝，加入精盐腌制片刻，攥干水分。

贰 取小碗，加入蒜蓉、甜辣酱、香油、少许精盐调匀，再放入胡萝卜丝、熟芝麻拌匀。

叁 白梨洗净，削去外皮，切成细丝；黄瓜洗净，用刮皮刀刮成长条片。

肆 黄瓜片铺平，放上少许胡萝卜丝、梨丝卷成卷❗，逐个卷好，码入盘中，即可上桌食用。

第二章

畜 肉

♥ 畜 肉 ♥

蔬菜食用菌　　禽蛋豆制品　水产品　主 食

蟹粉狮子头　★ 色泽淡雅适中，口味软嫩清香 ★

原料 ★ 调料

猪肉馅	400克
大闸蟹	2只
油菜心	75克
荸荠	50克
鸡蛋	1个
大葱	10克
姜块	10克
精盐	2小匙
胡椒粉	少许
料酒	1大匙

制作方法

壹　大葱去根和老叶，洗净，切成末❗；姜块去皮，洗净，切成细末。

贰　荸荠去皮，用清水洗净，拍成碎粒；油菜心择洗干净，沥去水分。

叁　螃蟹刷洗干净，放入蒸锅中，用旺火蒸熟，取出晾凉，去壳、取肉。

肆　猪肉馅放入容器中，加入葱末、姜末、料酒、鸡蛋液、精盐、胡椒粉搅匀。

伍　再放入蟹肉充分搅拌均匀至上劲，然后团成直径5厘米大小的丸子。

陆　净锅置火上，加入清水烧煮至沸，慢慢放入肉丸子烧煮至沸。

柒　撇去浮沫，再转小火炖约2小时，然后放入油菜心稍煮，出锅盛入汤碗中即可。

西式牛肉薯饼 ★外酥里嫩，清香味美★

原料 ★ 调料

牛肉馅、面包糠各100克，土豆、鸡蛋各2个，洋葱25克。

精盐少许，面粉3大匙，黄油2大匙，植物油适量。

制作方法

壹 将土豆洗净，放入蒸锅中蒸熟，取出晾凉，去皮；洋葱洗净，切成碎末；鸡蛋磕入碗中搅匀。

贰 净锅置火上，放入黄油烧至熔化，先下入牛肉馅、洋葱末煸炒出香味，再加入精盐翻炒均匀，出锅倒入容器中，然后把土豆压成蓉泥，放入肉馅中。

叁 再加入少许面粉搅拌均匀，拍成小饼状 ❗，滚粘上一层面粉，然后把牛肉薯饼沾上一层鸡蛋液，裹上面包糠，轻轻压实成生坯。

肆 平锅置火上，加入植物油烧至五成热，放入牛肉薯饼生坯，用中小火煎炸约5分钟至牛肉薯饼熟嫩，取出沥油，装盘上桌即可。

秘制南北家常菜

香干炒肉皮

★ 肉片软嫩, 鲜咸清香 ★

原料 ★ 调料

猪肉皮200克, 香干75克, 洋葱50克, 水芹、红辣椒各少许。

姜末5克, 精盐、胡椒粉、白糖各1/2小匙, 蚝油、酱油各2小匙, 料酒1大匙, 植物油2大匙。

制作方法

壹 将猪肉皮片去肥油, 刮净绒毛, 用清水浸泡并洗净, 放入清水锅中烧沸, 转中火煮至熟嫩, 捞出猪肉皮, 放入冷水中过凉, 取出, 沥净水分, 切成细条。

贰 香干先切成厚片, 再切成小条; 洋葱去皮, 洗净, 切成丝; 红辣椒去蒂、去籽, 洗净, 切成细丝; 水芹择洗干净, 切成小段。

叁 净锅置火上, 加入植物油烧至六成热, 先下入姜末爆炒出香味, 再放入洋葱丝、芹菜段、香干条翻炒均匀, 烹入料酒。

肆 然后加入白糖、精盐、胡椒粉、蚝油、酱油、肉皮条和少许清水炒匀, 最后放入红辣椒丝翻炒均匀, 出锅装盘即可。

双莲焖排骨 ★ 色泽红亮,软滑浓鲜 ★

原料 ★ 调料

排骨500克,莲藕250克,莲子50克,山楂片15克。

蒜瓣25克,精盐1小匙,番茄酱1大匙,料酒、酱油、香油各2小匙,白糖、植物油各2大匙。

制作方法

壹 将排骨用清水漂洗干净,捞出沥水,剁成大小均匀的段,放入清水锅中,上火焯烫一下,捞出沥水。

贰 莲藕削去外皮,去掉藕节,洗净,顺长切成两半,再切成厚片,放入容器中,加入清水和少许精盐调匀,腌泡5分钟,捞出沥水。

叁 净锅置火上,加入植物油烧热,先下入蒜瓣稍炒,再放入排骨块和白糖煸炒至上色,然后加入山楂片、番茄酱、酱油、精盐、白糖、料酒及适量清水烧沸。

肆 再放入藕片和泡好的莲子,盖上盖,转中小火烧焖15分钟,用旺火收浓汤汁❗,淋入香油,待汤汁包裹好排骨块即成。

青椒熘肉段 ★外酥里嫩，鲜咸清香★

原料 ★ 调料

猪里脊肉200克，青椒150克，水发木耳30克。

大葱25克，蒜瓣15克，淀粉3大匙，精盐2小匙，白糖2大匙，水淀粉、酱油、米醋、味精、香油、植物油各适量。

制作方法

壹 将精盐、白糖、酱油、米醋、水淀粉、味精、香油放入小碗内调匀成味汁。

贰 猪里脊肉去掉筋膜，洗净、沥水，先切成厚片，再斜切成条状，放在碗内，加上精盐拌匀入味，再加入少许清水、淀粉和少许植物油拌匀、上浆。

叁 青椒去蒂、去籽，洗净、沥水，切成三角块；大葱洗净，切成小块；蒜瓣去皮，切成片。

肆 净锅置火上，放入植物油烧至五成热，下入猪肉条炸至外表呈微黄色时，捞出沥油 ❗。

伍 净锅复置火上烧热，下入猪肉条、青椒块和水发木耳稍炒，烹入调好的味汁，用旺火快速翻炒均匀，出锅装盘即可。

土豆泡菜五花肉 ★色泽美观，鲜香爽辣★

原料 ★ 调料

猪五花肉	150克
土豆	100克
韩式辣白菜	80克
青椒	50克
红椒	50克
洋葱	30克
熟芝麻	少许
干辣椒	少许
花椒	2克
精盐	1大匙
白糖	1小匙
味精	1/2小匙
料酒	2小匙
酱油	2小匙
香油	少许
植物油	适量

制作方法

壹 将猪五花肉用清水洗净，放入清水锅中煮约20分钟，关火晾凉。

贰 将土豆削去外皮，洗净，切成大厚片；洋葱洗净，切成小块。

叁 将青椒、红椒去蒂及籽，洗净，切成小块；将煮好的猪五花肉、韩式辣白菜切成大片。

肆 锅中加入适量植物油烧热，放入土豆片、五花肉片炒香，捞出沥油。

伍 锅中留底油烧热，放入花椒、干辣椒炒香，再放入洋葱块、辣白菜片略炒。

陆 然后放入土豆片、猪五花肉片 ❗，烹入料酒，加入精盐、酱油、白糖、熟芝麻炒匀。

柒 最后放入青椒块、红椒块，加入味精调好口味，淋入香油，即可出锅装盘。

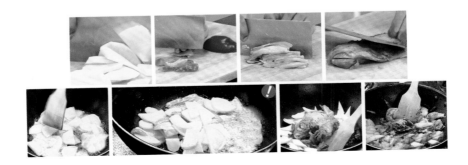

菠萝生炒排骨

★ 排骨软嫩清香, 菠萝甜润适口 ★

原料 ★ 调料

排骨400克, 菠萝200克, 青椒、红椒各1个, 鸡蛋黄少许。

葱花、姜块各10克, 蒜末5克, 精盐、番茄沙司、料酒、白醋、白糖、淀粉、水淀粉、味精、植物油各适量。

制作方法

壹 菠萝去皮, 洗净, 切成四瓣, 去掉硬芯, 切成小片, 再放入淡盐水中浸泡10分钟。

贰 排骨洗净, 剁成小块, 放在容器内, 加入精盐、料酒、鸡蛋黄抓匀, 再放入淀粉拌匀上浆。

叁 葱花、姜末、蒜末、番茄沙司、精盐、白糖、白醋、味精、少许清水和水淀粉放入碗内调成味汁。

肆 净锅置火上, 加入植物油烧至六成热, 下入排骨块炸至金黄、熟脆, 捞出沥油。

伍 锅中留底油烧热, 放入菠萝块、青椒块、红椒块和排骨块稍炒, 烹入调好的味汁❶翻匀, 出锅装盘即可。

四喜元宝狮子头 ★丸子软滑，清香鲜咸★

原料 ★ 调料

猪肉馅400克，鸡蛋2个，咸鸭蛋4个，荸荠25克。

大葱、姜块各15克，八角2个，胡椒粉、白糖各少许，酱油、味精、料酒、水淀粉各1大匙，香油2小匙，面粉、淀粉各2大匙，植物油适量。

制作方法

壹 取少许大葱、姜块分别洗净，切成碎末，放入猪肉馅内，再放入胡椒粉、香油、料酒、碾碎的咸鸭蛋清调匀，然后放入鸡蛋、拍碎的荸荠搅拌至上劲，再加入面粉搅匀。

贰 咸鸭蛋黄粘匀淀粉，用肉馅包成丸子，放入油锅中冲炸一下，取出、沥油。

叁 锅中留底油，烧至六成热，放入八角炸出香味，<u>加入葱段、姜片、料酒、酱油、胡椒粉和适量清水烧沸</u>❗。

肆 再加入味精调味，倒入盛有丸子的容器内，放入蒸锅里蒸约40分钟，取出蒸好的丸子，滗出汤汁，用水淀粉勾芡，淋入香油，浇在丸子上即可。

西红柿汁拌肥牛

★ 肥牛清香, 茄汁酸香 ★

原料 ★ 调料

肥牛片150克, 西红柿、洋葱各50克, 花生碎、薄荷、红椒各适量。

大蒜、柠檬皮、精盐、味精、白糖、酱油、香油各适量。

制作方法

壹 西红柿洗净, 切成小块, 去瓤后切成小丁; 洋葱洗净, 切成细末; 大蒜去皮, 洗净, 切成蒜片; 红椒去蒂及籽, 洗净, 切成小丁。

贰 锅中加入适量清水烧沸, 放入精盐、柠檬皮、肥牛焯烫一下, 捞出沥干。

叁 将西红柿丁、洋葱末、蒜片、红椒丁一同放入碗中❗, 加入精盐、白糖、酱油、香油、柠檬皮、味精拌匀。

肆 再放入焯好的肥牛片拌匀, 撒上薄荷叶、花生碎, 即可装盘上桌。

肉皮冻 ★ 皮冻软嫩，清香味美 ★

原料 ★ 调料

猪肉皮200克，胡萝卜50克，香干、青豆各少许。

葱段、姜片、桂皮、八角、香叶各少许，精盐2小匙，白糖1大匙，料酒2大匙，酱油、胡椒粉各1小匙。

制作方法

壹 将猪肉皮去掉白膘，刮净绒毛，用清水浸泡并洗净，捞出沥水，切成丝；胡萝卜去皮，洗净，改刀切成小丁；香干也切成小丁。

贰 净锅置火上，放入清水、葱段、姜片、桂皮、八角、香叶烧沸，再加入精盐、白糖、料酒、酱油、胡椒粉煮约10分钟。

叁 捞出锅内配料，去除杂质，放入猪皮丝 ❶，倒入高压锅内压30分钟，再放入胡萝卜丁、香干丁、青豆调匀，出锅倒在容器内。

肆 晾凉后放入冰箱内冷藏，食用时取出，改刀切成条块，装盘上桌即可。

茶树菇炒猪肝

★ 猪肝软嫩清香，口味鲜咸蒜浓 ★

原料 ★ 调料

猪肝	250克
鲜茶树菇	150克
青椒	50克
红椒	50克
糖蒜	25克
精盐	2小匙
白糖	1大匙
米醋	1大匙
酱油	1大匙
淀粉	2大匙
味精	少许
胡椒粉	少许
香油	适量
植物油	适量

制作方法

壹 将猪肝去掉白色筋膜，切成大片，放在小碗内，加入米醋、少许精盐和适量清水抓洗干净，滗去汤水。

贰 再加入少许精盐、淀粉、少许植物油调拌均匀；青椒、红椒分别洗净，均切成小块。

叁 将糖蒜剥去外皮，取蒜瓣，放在碗内，加入少许精盐、白糖、米醋、酱油、胡椒粉、味精、水淀粉和香油拌匀成味汁。

肆 鲜茶树菇洗净，去掉根，切成小段，粗的撕成小条，再用清水洗净。

伍 净锅置火上烧热，放入茶树菇，转小火煸炒5分钟至干香，出锅。

陆 锅中加入清水和少许植物油、米醋、精盐烧沸，关火，放入猪肝片浸烫2分钟 ❗，捞出沥水。

柒 净锅置火上，加入植物油烧热，下入青椒块、红椒块、猪肝片、茶树菇稍炒，烹入味汁翻炒均匀，淋上香油，出锅装盘即成。

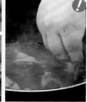

腊八蒜烧猪蹄 ★猪手软糯美味，口味蒜香酱香 ★

原料 ★ 调料

猪蹄1000克，大蒜150克。

大葱、姜块各25克，八角3个，精盐少许，陈醋适量，白糖、胡椒粉各1小匙，酱油2大匙，料酒1大匙，植物油2大匙。

制作方法

壹 将大蒜剥去外皮，放入容器内，倒入陈醋，放入微波炉，加热20分钟，取出放2天成腊八蒜；大葱去根和老叶，洗净，切成段；姜块去皮，拍碎待用。

贰 猪蹄去掉绒毛，用清水洗净，剁成块，放入沸水锅内焯烫一下，捞入锅内，加入葱、姜、八角及适量清水，用小火炖1小时至熟，捞出。

叁 净锅置火上，加入植物油烧热，放入猪蹄、料酒、酱油炒至猪蹄上色，再加入白糖、胡椒粉和精盐，浇入炖猪蹄的汤汁，先用旺火烧沸。

肆 盖上锅盖，改用小火焖约20分钟，再改用旺火收浓汤汁，放入腊八蒜调匀 ❶，出锅倒入砂煲内，置于火上烧沸即可。

焦熘丸子

★ 丸子软嫩,口味鲜香 ★

原料 ★ 调料

猪肉馅150克,冬笋、水发木耳、小油菜、红椒块各适量。

葱末、姜末各10克,葱段、姜片各5克,精盐、胡椒粉各1小匙,白糖1/2小匙,面粉4小匙,料酒2大匙,酱油、米醋、香油各2小匙,水淀粉1大匙,植物油适量。

制作方法

壹 小油菜洗净,切成四瓣;冬笋洗净,切成片;水发木耳择洗干净。

贰 猪肉馅放入碗中,加入葱末、姜末、料酒、香油、精盐、胡椒粉调匀,再加入清水、面粉搅至上劲,挤成小肉丸。

叁 小碗中加入酱油、胡椒粉、米醋、料酒、白糖、少许清水调匀成味汁。

肆 锅置火上,加入植物油烧热,下入丸子炸至干香,捞出沥油。

伍 锅中留底油烧热,下入葱段、姜片炒香,放入小油菜、红椒块、冬笋片、木耳炒匀,烹入调好的味汁烧沸❗,用水淀粉勾芡,放入丸子,淋入香油炒匀,出锅装盘即可。

双冬烧排骨 ★ 双冬软滑，排骨清香 ★

原料 ★ 调料

排骨500克，冬笋100克，冬菇25克，大枣15克，小红尖椒少许。

葱段、蒜瓣、姜片各15克，精盐、白糖、味精、啤酒、植物油各适量。

制作方法

壹 排骨用清水浸泡并洗净，捞出沥水，先顺骨缝切成长条，再剁成小块。

贰 冬笋洗净，放入沸水锅内焯烫一下，捞出沥水，切成小块；冬菇用温水浸泡至发涨，洗净，去蒂，切成小块。

叁 净锅置火上，加入植物油烧至六成热，下入排骨块和冬笋块炸至金黄色，捞出沥油❗。

肆 锅内留底油烧热，加入白糖煸炒至色泽红亮，放入冬笋块、冬菇块和排骨块炒至上色，倒入泡冬菇的清水，再放入啤酒、大枣，用旺火烧沸，盖上锅盖。

伍 转中火烧炖30分钟至排骨八分熟，加入精盐、味精、小红尖椒调匀，转旺火烧20分钟至熟，出锅装盘即可。

黑椒肥牛鸡腿菇 ★肥牛软嫩清香, 黑椒浓厚适口★

原料 ★ 调料

肥牛片200克, 鸡腿菇150克, 油豆皮100克, 洋葱少许。

黑胡椒1小匙, 面粉2大匙, 精盐1/2小匙, 蚝油1大匙, 酱油2小匙, 白糖、味精、植物油各少许。

制作方法

壹 鸡腿菇放入清水中浸泡片刻, 捞出沥净水分, 用手撕成细丝。

贰 净锅置火上, 加入清水和少许精盐烧沸, 放入鸡腿菇丝焯烫一下, 捞出沥净; 洋葱剥去外皮, 洗净, 切成细丝; 油豆皮切成大小均匀的块。

叁 将面粉、少许清水放入碗中调匀成面粉糊, 用肥牛片将鸡腿菇卷成卷, 再把油豆皮涂抹上面粉糊, 包卷好肥牛卷。

肆 将卷好的豆皮卷放入油锅中煎熟, 加入少许清水焖煎一下, 取出装盘。

伍 净锅置火上, 加入少许植物油烧热, 下入洋葱末炝锅出香味, 再加入蚝油、酱油、白糖、黑胡椒、味精搅炒均匀成味汁❗, 出锅浇在肥牛卷上即可。

傻小子排骨 ★排骨软滑, 土豆糯香 ★

原料 ★ 调料

原料	分量
排骨	500克
土豆	300克
大葱	10克
姜块	10克
蒜瓣	10克
精盐	2小匙
香油	2小匙
味精	少许
白糖	4小匙
酱油	3大匙
啤酒	500克
豆瓣酱	2大匙
红腐乳	1块
植物油	适量

制作方法

壹 将排骨放入清水中浸洗干净, 捞出沥干水分, 剁成5厘米长的小段。

贰 将土豆削去外皮, 洗净, 切成小块; 姜块去皮, 洗净, 切成小片; 大葱择洗干净, 取1/2切成小段, 剩余的1/2切成小片。

叁 取高压锅, 加入适量植物油, 放入排骨、葱段、姜片、蒜片, 上火炒至变色。

肆 再加入精盐、味精、啤酒、豆瓣酱、白糖、腐乳、酱油、香油调味, 然后转用小火, 盖上盖, 压制约15分钟。

伍 开盖后, 再放入土豆块, 转大火炖约15分钟至收浓汤汁❗, 出锅即成。

茶香牛柳

★牛柳鲜嫩，茶香味美★

原料 ★ 调料

牛里脊400克，乌龙茶10克，青椒、红椒、洋葱各25克，鸡蛋1个，芝麻少许。

精盐、白糖各少许，蚝油、料酒各2小匙，酱油、番茄沙司各1大匙，黑胡椒1小匙，淀粉2大匙，植物油适量。

制作方法

壹 青椒、红椒、洋葱分别洗净，切成小块；乌龙茶用沸水浸泡成茶水。

贰 牛里脊肉洗净，切成条状，放在碗内，加入料酒、黑胡椒、酱油和清水搅匀，再加入鸡蛋液和淀粉浆拌均匀，然后倒入少许植物油搅匀。

叁 净锅置火上，加入植物油烧热，将乌龙茶攥干，放入油锅内炸香，捞出乌龙茶，加入味精、精盐、芝麻拌匀后垫在盘子的底部。

肆 净锅复置火上，加入植物油烧热，放入牛肉条炸至熟嫩，捞出沥油。

伍 锅中留底油烧热，加入洋葱炒香，再加入料酒、番茄沙司、酱油、蚝油、白糖和黑胡椒调味，然后放入青、红椒块、牛柳翻炒均匀 ❶，出锅放入码好乌龙茶的盘内即可。

干煸牛肉丝 ★ 牛肉干香，口味辣鲜 ★

原料 ★ 调料

牛肉400克，芹菜、蒜薹各100克，红椒丝少许。

姜丝10克，精盐、白糖各1/2小匙，花椒粉、酱油各1小匙，豆瓣酱3大匙，料酒2小匙，辣椒面、植物油各2大匙。

制作方法

壹 牛肉洗净，切成丝；蒜薹、芹菜分别择洗干净，均切成小段。

贰 锅置火上，加入植物油烧热，下入牛肉丝煸炒至干香，分两次烹入料酒。

叁 再加入豆瓣酱、姜丝翻炒均匀，放入蒜薹段和芹菜段炒匀❗。

肆 然后加入酱油、白糖、精盐、料酒，放入红椒丝炒匀，最后撒入花椒粉、辣椒面翻炒均匀，出锅装盘即可。

89

香辣陈皮兔

★ 兔肉干香, 香辣鲜咸 ★

原料 ★ 调料

兔肉750克。

葱段、姜片、蒜瓣各10克, 干辣椒3克, 陈皮5克, 精盐、味精各少许, 白糖2小匙、啤酒半瓶、花椒粉、番茄酱各1大匙, 酱油1大匙, 豆瓣酱2大匙, 香油1小匙, 植物油适量。

制作方法

壹 陈皮用清水浸泡并洗净, 捞出陈皮, 改刀切成细丝; 兔肉洗净血污, 改刀剁成大块, 加上酱油拌匀。

贰 净锅置火上, 加入植物油烧至六成热, 放入陈皮丝炸一下, 捞出沥油。

叁 再放入葱段、姜片、蒜瓣、干辣椒和兔肉块, 用旺火煸炒至兔肉变干, 滗去锅内的余油, 再置于火上烧热。

肆 放入番茄酱、豆瓣酱、啤酒、陈皮水、精盐和味精, 小火炖40分钟, 加入白糖, <u>转为旺火收浓汤汁</u> ❗, 撒上陈皮丝, 出锅即可。

粉蒸牛肉 ★牛肉软糯清香，口味清鲜味美★

原料 ★ 调料

牛腩肉500克，干米饭粒300克，青蒜25克。

葱段、姜片各15克，陈皮、桂皮、八角、花椒各5克，味精少许，白糖1小匙，酱油3大匙，料酒适量，蚝油、黄酱、豆瓣酱各2小匙，香油4小匙，植物油1大匙。

制作方法

壹 青蒜洗净，切成小段；牛腩肉用清水浸洗干净，切成3厘米见方的小块。

贰 锅置火上，加入适量清水，放入牛腩块，上火焯烫一下，捞出沥干。

叁 取压力锅内锅，加入桂皮、葱段、姜片、八角、陈皮、酱油、蚝油、黄酱、豆瓣酱、白糖、料酒及适量清水，放入焯好的牛腩块，上锅压制约10分钟至七分熟，关火后出锅装碗。

肆 干米饭粒放入锅中略炒，再放入少许陈皮、桂皮、花椒、八角炒至焦黄 ❗，出锅装盘，晾凉后放入粉碎机中打成米粉。

伍 将米粉倒入牛肉碗中，加入香油搅拌均匀，再入蒸锅中蒸约30分钟，关火后扣入盘中，撒上青蒜苗，淋入烧热的植物油，即可上桌食用。

酸菜羊肉丸子

★ 丸子软糯，酸香汤浓 ★

原料 ★ 调料

羊肉馅	250克
酸菜	100克
鸡蛋	1个
粉丝	15克
鸭血	200克
鲜红辣椒	5克
葱末	5克
姜末	5克
精盐	1/2小匙
料酒	2小匙
花椒水	2大匙
香油	1小匙
植物油	1大匙

制作方法

壹 酸菜去掉菜根，剥去老叶，用清水洗净，攥干水分，改刀切成丝❶。

贰 鸭血改刀切成小条；粉丝用温水泡软，沥干水分，切成小段。

叁 羊肉馅放入碗内，加入葱末、姜末、鸡蛋、料酒、精盐、香油和花椒水调拌均匀，搅打至上劲，制成羊肉馅料。

肆 净锅置火上，加入植物油烧至六成热，加入葱末、姜末和酸菜丝煸炒出香味。

伍 倒入适量清水煮沸，再将羊肉馅料挤成丸子，放入锅内煮熟。

陆 撇去浮沫和杂质，加入鸭血块、精盐、红辣椒炖煮约2分钟。

柒 出锅倒在砂煲内，放入发好的粉丝，再置于火上加热即可。

杏鲍菇扒口条 ★色泽红润, 软糯鲜香★

原料 ★ 调料

猪口条1个, 杏鲍菇200克。

葱段、姜片各10克, 桂皮、陈皮、八角、味精各少许, 精盐、胡椒粉各1小匙, 酱油1大匙, 白糖2小匙, 料酒2大匙, 水淀粉、植物油各适量。

制作方法

壹 猪口条刮净表面舌苔, 用清水洗净; 杏鲍菇用淡盐水浸泡并洗净。

贰 净锅置火上, 加入植物油烧热, 放入葱段、姜片炝锅出香味, 加入八角、陈皮、桂皮、酱油、料酒、胡椒粉、白糖和清水煮沸。

叁 出锅倒入高压锅内, 加入杏鲍菇、猪口条后压约10分钟, 离火放气, 捞出猪口条和杏鲍菇, 晾凉, 均切成大片❶。

肆 净锅复置火上, 加入少许植物油和葱段煸炒出香味, 整齐地放入杏鲍菇和猪口条片。

伍 加入精盐、炖口条的原汤、胡椒粉、酱油、白糖和味精调匀, 转小火焖炖几分钟, 用水淀粉勾芡, 出锅装盘, 上桌即可。

皮肚烧双冬 ★ 皮肚软糯清香, 双冬清鲜适口 ★

原料 ★ 调料

发好的肉皮肚200克, 北豆腐150克, 水发香菇、冬笋各50克。

葱段、姜片各5克, 精盐、白糖、老抽、香油、味精、胡椒粉各1小匙、料酒3小匙、水淀粉、植物油各适量。

制作方法

壹 将发好的肉皮肚洗净, 切成菱形块; 水发香菇去蒂, 洗净, 切成抹刀片; 冬笋洗净, 切成大片; 北豆腐用清水浸泡并洗净, 切成长方条。

贰 锅置火上, 加入植物油烧热, 放入豆腐条炸至浅黄色, 捞出沥油。

叁 锅中留底油烧热, 下入葱段、姜片炒香, 再放入肉皮肚、香菇片、冬笋片炒匀。

肆 然后加入料酒、白糖、老抽、精盐和适量泡香菇的水烧沸, 最后放入豆腐条烧5分钟❶, 加入味精、胡椒粉, 用水淀粉勾芡, 淋入香油, 出锅装盘即可。

三鲜皮肚

★ 色泽美观, 酱香浓郁 ★

原料 ★ 调料

皮肚(干猪皮)、小南瓜各100克, 鲜香菇75克, 冬笋50克, 油菜心25克, 枸杞子少许。

葱花、姜末各少许, 精盐2小匙, 胡椒粉1/2小匙, 料酒1大匙, 植物油适量。

制作方法

壹 将皮肚放入温油锅中略炸一下, 捞出, 放入温水中浸泡并洗净, 沥去水分, 切成片。

贰 小南瓜去皮、去瓤, 洗净, 切成大块, 放入蒸锅中蒸熟, 取出晾凉; 鲜香菇去蒂, 洗净, 切成块; 冬笋洗净, 切成大片; 油菜心择洗干净, 切成两半。

叁 将蒸好的南瓜块放入搅拌器中, 加入少许植物油和精盐打碎成南瓜酱。

肆 净锅置火上, 加入植物油烧至六成热, 先下入葱花、姜末爆香, 再放入香菇块、冬笋片煸炒❶。

伍 然后加入料酒、适量清水、精盐、胡椒粉和皮肚块烧沸, 转小火炖约5分钟, 再加入南瓜酱烧约1分钟, 放入油菜、枸杞子, 用水淀粉勾芡, 倒入砂煲中, 上桌即可。

芫爆肚丝 ★ 肚丝爽滑, 香菜清香 ★

原料 ★ 调料

羊肚500克, 香菜段100克, 红椒30克。

葱丝、姜丝各20克, 花椒15克, 葱段、姜片各10克, 蒜片5克, 精盐1大匙, 胡椒粉1小匙, 白醋2大匙, 料酒、米醋各4小匙, 植物油适量。

制作方法

壹 把羊肚放入小盆中, 加入少许精盐和白醋搓洗, 再用清水反复漂洗干净。

贰 羊肚放入高压锅中, 加入适量清水、花椒、葱段、姜片, 置火上压至熟嫩, 捞出晾凉, 切成丝。

叁 红椒去蒂及籽, 洗净, 切成细丝; 碗中加入蒜片、葱丝、姜丝、料酒、米醋、胡椒粉、精盐拌匀成味汁。

肆 锅置火上, 加入植物油烧至八成热, 放入羊肚丝、香菜段、红椒丝炒匀 ❗, 再倒入调好的味汁, 用旺火快速翻炒均匀, 出锅装盘即可。

小土豆炖排骨 ★ 成品色泽红润，口味鲜咸入味 ★

原料 ★ 调料

排骨	500克
小土豆	250克
香菜	150克
大葱	15克
姜块	15克
八角	3个
辣椒	5克
黄酱	2大匙
白糖	1大匙
酱油	1大匙
料酒	2小匙
胡椒粉	少许
植物油	少许

制作方法

壹 将小土豆用清水洗净，削去外皮，再用冷水浸泡片刻；大葱洗净，切成小段；姜块切成大片；香菜洗净，打成香菜结。

贰 将排骨用冷水浸泡，洗净血污，捞出沥净水分，剁成大块。

叁 净锅置火上，加入清水，放入排骨块，上火焯烫一下，捞出沥水。

肆 将黄酱放在小碗内，加入料酒、酱油、胡椒粉调匀成黄酱汁。

伍 锅置火上，加入少许植物油烧热，加入白糖和少许清水炒至变色，放入排骨块翻炒至上色，再加入葱段、姜片、辣椒和八角炒匀。

陆 倒入调好的黄酱汁、适量清水，放入小土豆和香菜结，<u>盖上锅盖</u> ❶。

柒 用旺火烧沸，转中小火炖约40分钟至熟嫩，出锅装盘即可。

菠萝牛肉松 ★色形美观，清香适口★

原料 ★ 调料

牛肉馅400克，鲜菠萝100克，青椒丁、红椒丁各15克，熟芝麻少许。

味精、胡椒粉各1/2小匙，蚝油2小匙，酱油4小匙，植物油3大匙。

制作方法

壹 将菠萝去皮，洗净，取1/3切成小片，另2/3切成小丁；将菠萝片放入粉碎机中，加入少许清水搅打成蓉泥。

贰 牛肉馅放入大碗中，倒入菠萝蓉泥，再加入酱油、蚝油搅拌均匀。

叁 然后加入胡椒粉、味精搅拌均匀，腌约30分钟至牛肉馅入味。

肆 锅置火上，加入植物油烧热，先放入牛肉馅搅炒至干香，再放入青椒丁、红椒丁、菠萝丁炒匀❗，出锅装入盘中，撒上熟芝麻即可。

新派蒜泥白肉　★ 色泽清新美观, 软嫩爽滑蒜香 ★

原料 ★ 调料

猪五花肉1块 (约750克),
黄瓜150克, 芹菜、红尖椒、
芝麻各少许。

大蒜50克, 精盐少许, 白
糖、花椒粉、香油各2小匙,
酱油1大匙, 辣椒油2大匙。

制作方法

壹 芹菜择洗干净, 切成细末; 红尖椒去蒂、去籽, 洗净, 沥干水分, 切成末; 大蒜剥去外皮, 洗净, 拍碎, 再剁成蒜蓉, 放入小碗中。

贰 加入芹菜末、尖椒末、辣椒油、香油、芝麻、酱油、花椒粉和白糖调匀成味汁; 黄瓜洗净, 沥净水分, 放在案板上, 用平刀法片成大薄片。

叁 猪五花肉洗净血污, 放入清水锅中烧沸, 转小火煮至熟嫩, 捞出晾凉, 切成长条薄片。

肆 把切好的白肉片放在黄瓜片上, 用筷子卷好成筒形❶, 码放入盘中, 浇淋上调拌好的蒜泥味汁, 上桌即可。

秘制南北家常菜

101

香辣美容蹄 ★猪蹄软嫩，香辣味浓 ★

原料 ★ 调料

猪蹄2个，莲藕50克，芝麻少许。

葱花、姜片、蒜片各适量，精盐少许，料酒、酱油各1大匙，香油2小匙，火锅调料1大块。

制作方法

壹 将猪蹄去净绒毛，用清水洗净，每只猪蹄剁成4大块，放入沸水锅中焯烫一下，捞出沥水；莲藕削去外皮，去掉藕节，洗净，切成片；

贰 净锅复置火上，加入植物油烧热，下入葱花、姜片、蒜片煸炒出香味，出锅垫在砂锅内。

叁 锅置火上烧热，放入精盐、火锅调料、料酒、清水和酱油，盖上盖后用旺火烧沸 ❗，出锅倒在高压锅内，再放入猪蹄块，置火上压约20分钟至猪蹄块熟嫩。

肆 捞出猪蹄块，放在垫有葱花、姜片、蒜片的砂锅内，加入莲藕片和焖猪蹄的原汤，上火用中火煮沸，淋入香油，撒上芝麻即成。

第三章
禽蛋豆制品

鸡刨豆腐酸豆角 ★ 豆腐软糯，鲜咸辣酸 ★

原料 ★ 调料

北豆腐	250克
猪肉馅	100克
酸豆角	100克
鸡蛋	2个
葱末	20克
姜末	20克
青蒜末	15克
精盐	2小匙
味精	少许
白糖	1/2小匙
酱油	1/2大匙
豆瓣酱	2大匙
香油	4小匙
植物油	3大匙

制作方法

壹 将酸豆角洗净，切成小粒 ❗；北豆腐洗净，放入容器中抓碎，再加入葱末、姜末、鸡蛋液、精盐、味精和少许香油拌匀。

贰 锅中加入植物油烧热，放入豆腐搅炒均匀，倒入砂锅中，加入适量清水烧沸，小火炖5分钟。

叁 净锅置火上，加入少许植物油烧热，下入猪肉馅煸炒至水分收干。

肆 再放入葱末、姜末，加入豆瓣酱炒匀，放入酸豆角粒翻炒均匀。

伍 然后加入酱油、少许精盐、白糖调味，淋入香油，调入味精。

陆 关火后撒上青蒜末拌匀，盛在炖好的豆腐上，原锅上桌即可。

XO酱豆腐煲

★ 色泽美观，酱汁浓郁 ★

原料 ★ 调料

北豆腐1块，猪肉馅100克，洋葱80克，红尖椒、芹菜各50克，虾米15克。

蒜蓉5克，精盐1/2小匙，味精少许，白糖1小匙，辣酱2大匙，蚝油、料酒各5小匙，水淀粉1大匙，植物油适量。

制作方法

壹 洋葱去皮，洗净，切成末；红尖椒、芹菜分别择洗干净，均切成片；水发木耳择洗干净，撕成小朵；虾米放入碗中，加入热水泡软，捞出沥水。

贰 北豆腐洗净，切成小方块，放入淡盐水中炖煮片刻，捞出过凉，沥去水分。

叁 锅中加入植物油烧热，先下入洋葱末炒至金黄色，放入蒜蓉、虾米炒出香味。

肆 再放入猪肉馅、辣酱炒匀，加入料酒、蚝油、白糖、味精调好口味成XO酱，盛出一半另用。

伍 然后放入豆腐块烧煮5分钟 ❗，用水淀粉勾芡，撒入芹菜片和红椒片炒匀，倒入汤煲中即可。

五香酥鸭腿 ★色泽红亮, 酥香脆鲜★

原料 ★ 调料

鸭腿3个。

葱段、姜块各15克, 五香料
(草蔻、八角、砂仁、沙姜、
桂皮共15克), 精盐、白糖、
淀粉、酱油、料酒各适量,
黄酱3大匙, 啤酒1瓶, 植物
油750克 (约耗75克)。

制作方法

壹 将鸭腿去净绒毛和杂质, 用清水浸泡并洗净, 捞出沥水; 葱段、姜块分别洗净, 用刀面拍一下; 黄酱放入大碗中, 倒入啤酒调拌均匀成啤酒黄酱。

贰 锅中加油烧热, 放入白糖炒至变色, 再加入精盐、酱油、料酒、五香料, 倒入啤酒黄酱烧沸, 然后放入鸭腿烧沸。

叁 倒入高压锅中, 置火上压10分钟, 关火放气, 捞出沥水、稍晾, 在表面裹匀淀粉❗。

肆 净锅置火上, 加入植物油烧至六成热, 放入鸭腿炸2分钟, 捞出沥油, 切成条块, 装盘上桌即可。

培根回锅豆腐 ★培根酥香, 豆腐软滑★

原料 ★ 调料

北豆腐1块, 培根300克, 青蒜30克, 芹菜25克, 水发木耳、红椒块各20克。

精盐、酱油各2小匙, 味精1/2小匙, 白糖1小匙, 豆瓣酱2大匙, 料酒4小匙, 黄油适量。

制作方法

壹 北豆腐洗净, 切成大片, 放入热油锅中炸至浅黄色, 捞出沥油。

贰 培根洗净, 切成薄片; 青蒜、芹菜分别择洗干净, 均切成小段; 水发木耳择洗干净, 撕成小朵。

叁 净锅置火上, 加入黄油烧至熔化, 放入培根片炒出香味, 取出沥油。

肆 锅中留底油烧热, 放入豆瓣酱炒出香味, 再加入精盐、味精、酱油、料酒、白糖及适量清水烧沸。

伍 然后放入豆腐片, 转小火烧至汤汁浓稠 ❗, 放入木耳、芹菜段、青蒜段、培根、红椒块翻匀, 即可出锅装盘。

素烧鸡卷 ★ 豆皮软嫩，馅料清香 ★

原料 ★ 调料

油豆皮200克，土豆150克，鲜香菇75克，金针蘑50克。

葱末、姜末、葱段、姜片各少许，精盐、味精、面粉、甜面酱各1小匙，白糖、酱油、料酒各2小匙，水淀粉1大匙，香油、植物油各适量。

制作方法

壹 金针蘑去根，洗净；鲜香菇去蒂，洗净，切成细丝，同金针蘑放入沸水锅中焯烫一下，捞出过凉。

贰 土豆洗净，放入清水锅中煮熟，捞出过凉，剥去外皮，碾压成泥，放入容器中，加入金针蘑、香菇丝、葱末、姜末、精盐、料酒、水淀粉搅拌均匀成馅料。

叁 面粉放入碗中，加入清水搅匀成面粉糊；油豆皮切成正方形，放上馅料抹匀，卷起成卷，接口处抹上面粉糊封口。

肆 净锅置火上，加入植物油烧热，放入素鸡卷煎至色泽金黄❗，捞出沥油。

伍 锅留底油烧热，下入葱段、姜片爆香，再加入料酒和甜面酱炒匀，然后加入酱油、白糖、味精和少许清水烧沸，放入素鸡卷烧约2分钟，用水淀粉勾芡，淋入香油即成。

芙蓉菜胆鸡 ★ 色泽美观, 软滑清香 ★

原料 ★ 调料

鸡胸肉	200克
鸡蛋清	4个
油菜心	75克
水发香菇丁	少许
青椒丁	少许
红椒丁	少许
大葱	25克
姜块	25克
精盐	2小匙
水淀粉	1大匙
牛奶	4大匙
料酒	1小匙
味精	少许
胡椒粉	少许
植物油	适量

制作方法

壹 将鸡胸肉剔去筋膜, 片成大片, 用清水涮洗一下, 捞出沥净水分。

贰 将大葱、姜块拍碎, 放入小碗内, 加入少许清水浸泡, 取葱姜水; 把一半葱姜水、鸡蛋清、精盐、牛奶、料酒和鸡片放入搅碎机中。

叁 用中速打碎成蓉, 再加入味精和植物油, 继续搅打片刻, 取出。

肆 净锅加入清水烧沸, 放入精盐、植物油和油菜心焯烫一下, 捞出沥水, 码放在盘内。

伍 净锅复置火上, 加入植物油烧热, 倒入鸡蓉浸烫至熟❶, 加入香菇、青椒、红椒冲一下, 捞出。

陆 锅中留底油烧热, 放入葱姜水、胡椒粉、精盐、味精、料酒和清水烧沸。

柒 用水淀粉勾芡, 倒入滑好的鸡蓉片和蔬菜翻炒一下, 出锅放在盛有油菜的盘内, 上桌即可。

红枣花雕鸭 ★鸭肉清鲜, 酒香味浓 ★

原料 ★ 调料

仔鸭1只(约1250克), 红枣35克。

大葱、姜块各10克, 精盐2小匙, 冰糖20克, 老抽适量, 花雕酒2大匙。

制作方法

壹 将红枣用温水浸泡片刻, 取出冲净, 去核; 将仔鸭洗涤整理干净, 剁成小块, 放入清水锅中焯烫一下, 捞出沥干。

贰 将大葱择洗干净, 切成小段; 姜块去皮, 用清水洗净, 切成小片。

叁 将仔鸭块放入热锅中炒干水分 , 再放入葱段、姜片煸炒出香味。

肆 然后加入花雕酒、老抽、冰糖及泡红枣的水炖约25分钟至鸭肉熟烂, 再放入红枣, 加入精盐调味, 出锅装盘即可。

家常豆腐

★ 豆腐酥香软滑，口味鲜咸微辣 ★

原料 ★ 调料

北豆腐500克，猪五花肉100克，冬笋50克，青椒、红椒各30克，水发木耳25克。

葱段20克，姜片15克，蒜片10克，精盐、白糖各1小匙，味精少许，水淀粉2大匙，豆瓣酱、酱油各2小匙，番茄酱、料酒各1大匙，植物油3大匙。

制作方法

壹 将北豆腐洗净，先片成大厚片，放入热油锅中煎至两面金黄色，出锅晾凉，再切成三角形小块。

贰 猪五花肉洗净，切成薄片；冬笋洗净，切成片；青椒、红椒去蒂及籽，洗净，切成块；水发木耳择洗干净，撕成小块。

叁 锅置火上，加入植物油烧至八成热，放入豆瓣酱略炒❗，再下入葱段、姜块、蒜片炒香。

肆 然后放入五花肉片炒匀，加入精盐、番茄酱、酱油、料酒、白糖及少许清水，放入笋片、木耳、豆腐片烧沸，转小火烧约2分钟。

伍 最后放入青椒块、红椒块炒匀，用水淀粉勾芡，加入味精调味，即可出锅装盘。

葱姜扒鸭 ★ 色泽红亮, 软滑清香 ★

原料 ★ 调料

净鸭子1只, 水发香菇少许。

葱段、姜块、花椒、八角各少许, 精盐、白糖各1小匙, 胡椒粉1/2小匙, 老抽3大匙, 啤酒200克, 植物油适量。

制作方法

壹 将鸭子洗净, 切去鸭屁股, 从中间劈开, 剁成4大块; 老抽放入碗中, 加入少许清水调匀, 放入鸭块抹匀上色。

贰 锅中加入植物油烧至七成热, 放入鸭块煎炸至金黄色, 再放入沸水锅中略煮一下, 脱去油脂, 捞出沥水。

叁 锅中留底油烧热, 先下入姜块炒香, 再放入花椒、八角、葱段煸炒, 然后加入啤酒、少许清水、香菇及泡香菇的水、精盐、白糖、胡椒粉、老抽烧沸。

肆 将鸭块放入高压锅中, 倒入煮好的汤汁 ❗, 置火上压25分钟至熟烂, 取出鸭块装盘, 汤汁滗入锅中烧沸, 用水淀粉勾芡, 浇在鸭块上即可。

纸包盐酥鸡翅 ★ 操作简单，口味清香 ★

原料 ★ 调料

鸡翅500克。

大粒海盐500克，大葱、姜块、蒜瓣各15克，酱油2小匙，蜂蜜、五香粉、白酒各适量。

制作方法

壹 将鸡翅去掉绒毛和杂质，用清水洗净，擦净表面水分；大葱洗净，切成小段；姜块洗净，拍散；蒜瓣拍碎。

贰 用刀在鸡翅表面剞上两刀，放在容器内，先加入大葱、姜块和蒜瓣，再加入酱油、五香粉、白酒、蜂蜜拌匀，腌20分钟。

叁 将锡纸剪成10厘米大小，放上鸡翅包裹好并轻轻攥紧；净锅置火上，放入大粒海盐，用旺火不断翻炒均匀（约5分钟）。

肆 取砂煲1个，先放入一些炒好的海盐粒，再放入用锡纸包好的鸡翅 ❗，然后倒入剩余的海盐粒，盖上盖，焖约20分钟，出锅装盘即可。

红果鸡
★ 鸡肉清香, 果香味浓 ★

原料 ★ 调料

鸡腿	2个
山楂 (红果)	100克
鸡蛋	1个
柚子肉	少许
姜块	20克
葱段	10克
精盐	1/2大匙
料酒	2小匙
白糖	适量
淀粉	适量
植物油	适量

制作方法

壹 将山楂去蒂, 用清水浸泡并洗净, 对切成两半, 去掉果核。

贰 锅置火上, 加入适量清水, 放入姜片, 用大火煮3分钟, 捞出姜片。

叁 再放入山楂稍煮, 然后加入少许精盐、白糖, 不停地搅炒至浓稠状, 出锅盛入碗中。

肆 姜块去皮, 洗净, 切成小片; 鸡腿去骨, 洗净, 切成小块, 放入容器中, 加入少许精盐、料酒拌匀。

伍 再放入葱段、姜片调拌均匀, 腌渍10分钟, 拣去葱段、姜片。

陆 然后加入鸡蛋液搅匀, 最后加入淀粉、少许植物油调拌均匀。

柒 锅置火上, 加入植物油烧至四成热, 下入鸡肉块炸至酥脆, 捞出沥油。

捌 锅留底油烧热, 放入山楂糊, 再加入鸡肉块炒匀, 加入精盐, 出锅装盘, 撒上柚子肉即可 ❶。

煎酿豆腐 ★豆腐软滑，馅料清香★

原料 ★ 调料

北豆腐1块，猪肉馅150克，鸡蛋1个，水发香菇30克，净冬笋25克。

葱末、姜末各5克，精盐少许，淀粉、酱油、料酒各1大匙，蚝油1/2大匙，香油1小匙，白糖、味精各适量，植物油3大匙。

制作方法

壹 水发香菇去蒂，洗净，片成小片；净冬笋洗净，切成片；猪肉馅放在容器内，加入少许鸡蛋液、葱末、姜末、料酒、香油、味精、淀粉搅匀。

贰 北豆腐切成夹刀块，放入油锅中煎至两面呈金黄色时，取出晾凉，片开成豆腐盒，再撒上少许淀粉，然后轻轻酿入调制好的肉馅成豆腐盒，码放在砂锅内。

叁 净锅置火上，加入少许植物油烧热，下入葱末、姜末炝锅出香味。

肆 放入笋片、香菇片和少许泡香菇的清水翻炒一下，再加入精盐、蚝油、酱油、料酒、白糖、味精炒匀成味汁❗。

伍 把炒好的味汁出锅，浇在豆腐上，然后将砂锅置火上，用小火炖10分钟，原锅上桌即可。

秘制南北家常菜

118

烟熏素鹅

★ 豆皮软嫩清鲜, 口味熏香适口 ★

原料 ★ 调料

油豆皮200克, 水发香菇、冬笋、胡萝卜、水发木耳各适量, 锅巴、茶叶各少许, 锡纸1张。

精盐少许, 白糖2小匙, 胡椒粉、酱油各1小匙, 料酒、水淀粉各1大匙, 香油、植物油各适量。

制作方法

壹 将水发香菇、冬笋、胡萝卜、水发木耳分别择洗干净, 均切成细丝。

贰 锅中加油烧热, 放入香菇丝、冬笋丝、胡萝卜丝和木耳丝翻炒均匀, 再烹入料酒, 加入酱油、精盐和少许清水烧煮至沸, 用水淀粉勾芡, 倒入容器中晾凉成馅料。

叁 取一容器, 加入酱油、白糖和清水搅匀, 放入油豆皮浸泡一下, 捞出沥水, 放在案板上, 再放上炒好的馅料, 卷成卷后按实, 表面沾上少许清水。

肆 将锡纸折好, 放入锅巴、茶叶、白糖、胡椒粉拌匀, 包严后放入熏锅内, 架上铁箅子。

伍 然后放入素鹅生坯 ❗, 盖上盖, 置火上烧至冒烟, 转小火烧3分钟, 关火后再焖10分钟, 取出后抹上香油, 切成条, 装盘上桌即可。

葱油鸡 ★鸡肉软嫩, 葱香味浓 ★

原料 ★ 调料

净三黄鸡1只(约750克), 红椒圈15克。

大葱、姜块各50克, 精盐1小匙, 胡椒粉1/2小匙, 料酒2小匙, 植物油3大匙。

制作方法

壹 将一半的大葱、姜块改刀切成细末; 剩余的葱、姜切成块; 将三黄鸡用清水洗净, 放入沸水锅内焯烫一下, 捞出, 用冷水洗净。

贰 净锅置火上, 放入清水、三黄鸡、葱块、姜块, 用旺火烧沸, 再改用小火煮约2小时, 捞出三黄鸡, 把煮鸡的汤汁过滤去掉杂质, 晾凉成清汤。

叁 锅中加油烧热, 加入葱末、姜末煸炒出香味, 再加入少许煮鸡的清汤、料酒、胡椒粉、精盐炒匀成葱油。

肆 将三黄鸡拆去鸡骨, 取三黄鸡肉, 先堆成小山包状, 用碗扣住, 倒入盘中, 再倒入炸好的葱油❗, 撒上红椒圈, 即可上桌食用。

菊香豆腐煲 ★色泽淡雅, 清香味美 ★

原料 ★ 调料

南豆腐200克, 鸡胸肉100克, 净虾仁75克, 菊花25克, 鸡蛋清2个, 油菜心少许。

大葱、姜块各15克, 精盐2小匙, 料酒4小匙, 味精、胡椒粉各少许, 水淀粉1大匙, 植物油2大匙。

制作方法

壹 菊花取菊花瓣, 洗净, 再用清水浸泡片刻, 捞出沥水; 油菜心洗净, 放入清水锅内焯烫一下, 捞出过凉。

贰 大葱、姜块收拾干净, 切成条块, 放入粉碎机内, 再加入鸡胸肉、鸡蛋清、胡椒粉、少许虾仁、豆腐和料酒。

叁 用中高速打碎, 然后加入精盐和味精搅拌均匀成豆腐鸡肉浓糊, 倒入容器内, 放入蒸锅中, 用旺火蒸15分钟, 再加上油菜心蒸1分钟。

肆 锅中加油烧热, 放入葱、姜爆香, 取出葱、姜, 再加入料酒和清水烧沸, 加入精盐、味精、胡椒粉调匀。

伍 用水淀粉勾芡, 放入剩余的虾仁调匀 ❗, 倒在蒸好的豆腐上, 撒上菊花瓣, 上桌即可。

秘制南北家常菜

121

巧拌鸭胗

★ 鸭胗软滑, 鲜咸清香 ★

原料 ★ 调料

鸭胗	300克
香椿芽	80克
杏仁	60克
红椒	40克
葱段	10克
姜片	10克
葱丝	5克
精盐	4小匙
米醋	4小匙
味精	1小匙
料酒	2小匙
橄榄油	1大匙

制作方法

壹 鸭胗洗净, 放入高压锅中, 加入葱段、姜片、料酒、精盐及适量清水, 置火上烧沸。

贰 煲压约15分钟至熟, 关火, 冷却后取出鸭胗, 切成薄片。

叁 红椒去蒂及籽, 洗净, 切成细丝; 香椿芽择洗干净, 切成小段。

肆 鸭胗片放入容器中, 加入葱丝、香椿段、红椒丝、杏仁拌匀。

伍 再加入橄榄油、米醋、精盐、味精调拌均匀❗, 装盘上桌即可。

123

回锅鸡 ★ 鸡肉鲜嫩,辣香味浓 ★

原料 ★ 调料

鸡腿肉400克, 洋葱100克, 青椒、红椒各50克。

姜片5克, 味精少许, 豆瓣酱1大匙, 甜面酱、老抽各2小匙, 料酒4小匙, 植物油适量。

制作方法

壹 洋葱去皮, 洗净, 切成三角块; 青椒、红椒洗净, 切成块; 鸡腿肉洗净, 放入沸水锅中煮5分钟, 捞出沥水。

贰 放入容器中, 加入老抽拌匀, 鸡皮朝下放入热油锅中, 煎至两面呈金黄色时, 取出沥油, 切成小块。

叁 锅中留底油烧热, 下入姜片炒香, 再放入豆瓣酱 ❗、甜面酱、料酒炒匀。

肆 然后放入洋葱块煸炒一下, 放入鸡腿肉煸炒2分钟, 最后放入青椒、红椒块炒匀, 加入味精调好口味, 出锅装盘即可。

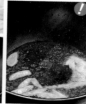

蒜香鸡米花 ★鸡米酥脆, 口味鲜香 ★

原料 ★ 调料

鸡腿肉150克, 干米饭100克, 鸡蛋1个, 面粉50克。

蒜末少许, 精盐1小匙, 椒盐3大匙, 味精少许, 料酒2小匙, 淀粉2大匙, 植物油适量。

制作方法

壹 锅中加入适量植物油烧热, 放入干米饭粒炸成米花, 捞出沥油。

贰 鸡腿肉洗涤整理干净, 剔去筋膜, 切成小丁, 放入碗中, 加入精盐、味精、料酒、鸡蛋、面粉、淀粉、植物油、蒜末及适量清水调匀。

叁 再放入炸好的米花搅拌均匀❗, 然后放入热油锅中炸至金黄, 捞出装盘, 随带椒盐一同上桌蘸食即可。

鸡火煮干丝

★ 传统菜肴, 鲜咸浓香 ★

原料 ★ 调料

鸡腿1个, 豆腐干50克, 火腿丝25克, 水发香菇15克, 冬笋10克, 净油菜、虾仁各少许。

葱段、姜块各10克, 精盐、料酒各适量。

制作方法

壹 鸡腿洗净, 剁成大块, 放入压力锅内, 加入葱段、姜块、火腿及适量清水, 上火压约15分钟, 捞出鸡块, 放在容器内。

贰 冬笋、水发香菇分别洗净, 切成细丝; 豆腐干先片成薄片, 再改刀切成细丝, 放入清水中浸泡。

叁 将熬煮好的鸡汤放入锅内烧沸, 撇去浮油和杂质, 放入料酒、精盐, 再放入豆腐干丝煮约1分钟, 捞出干丝, 盛放在鸡块上。

肆 原锅内放入冬笋丝、香菇丝和净油菜稍煮片刻, 捞出后放在干丝上 ❗; 将虾仁放入汤锅内煮熟, 取出, 放在干丝盘中, 撒上火腿丝, 浇入汤汁, 即可上桌食用。

橙香鸡卷 ★ 色泽黄亮, 酥香味美 ★

原料 ★ 调料

鸡胸肉300克, 香蕉150克, 鸡蛋2个, 面包糠适量。

精盐2小匙, 胡椒粉1小匙, 白葡萄酒、淀粉、橙汁、植物油各适量。

制作方法

壹 鸡胸肉去除筋膜, 用清水洗净, 沥干水分, 改刀切成片, 放入碗内, 磕入鸡蛋 (1个), 加入白葡萄酒、精盐、胡椒粉腌制片刻。

贰 取小碗, 磕入鸡蛋、淀粉调匀成淀粉糊; 将鸡片卷上切好的香蕉条, 裹匀淀粉糊 ❶ , 沾上面包糠。

叁 锅中加入适量植物油烧至七成热, 放入鸡卷炸呈金黄色至熟透, 捞入装有橙汁的盘中, 即可上桌食用。

秘制南北家常菜

127

青木瓜炖鸡 ★ 鸡肉软嫩, 汤汁味鲜 ★

原料 ★ 调料

鸡腿·················· 200克
青木瓜·················· 100克
银耳·················· 30克
杏仁·················· 1个
柠檬·················· 1个
姜片·················· 20克
精盐·················· 2小匙
淀粉·················· 2大匙
料酒·················· 1大匙

制作方法

壹 将青木瓜去皮, 洗净, 切成小块 ❗ ; 银耳用温水浸泡至涨发, 撕成小朵。

贰 将鸡腿去骨及皮, 洗净, 切成小块, 加入精盐、淀粉抓匀、上浆。

叁 锅置火上, 加入适量清水煮沸, 放入鸡肉块焯烫一下, 捞出沥干水分。

肆 砂锅内加入适量清水, 上火烧热, 放入鸡肉块、姜片、银耳、木瓜块、杏仁、柠檬片烧沸。

伍 再加入精盐、料酒, 转小火炖煮约40分钟至熟透, 即可出锅装碗。

蒜子陈皮鸡 ★色泽淡雅、软嫩清香★

原料 ★ 调料

鸡腿300克、草菇、蒜子各50克、陈皮少许、青椒、红椒片各20克。

葱段、姜片各15克、精盐、味精、白糖、蚝油、酱油、米醋、料酒、淀粉、香油、植物油各适量。

制作方法

壹 蒜子去皮、洗净、放入沸水锅中烫一下、捞出沥干；草菇洗净、切成小块、放入沸水中焯烫片刻、捞出沥干。

贰 鸡腿去骨、洗净、切成小块、放入碗中、加入精盐、料酒、淀粉、植物油抓拌均匀。

叁 取小碗、放入青椒、红椒丁、加入精盐、味精、蚝油、白糖、米醋、酱油、香油及少许清水搅拌均匀 ✏️、制成酱汁。

肆 锅中加入适量植物油烧热、放入蒜子煎香、再放入草菇略炒、再放入鸡腿肉、陈皮、倒入调好的酱汁收浓汤汁、即可出锅装盘。

腐乳烧鸭 ★ 色泽美观，软糯浓香 ★

原料 ★ 调料

净鸭子半只，冬笋50克，干香菇15克。

葱段、姜片各15克，八角3个，白糖1大匙，腐乳2块，料酒2大匙，红曲米3小匙，植物油3大匙。

制作方法

壹 将净鸭子用清水洗净，剁成大块；冬笋洗净，切成块；干香菇用清水泡软，去蒂，洗净。

贰 净锅置火上，加入植物油烧热，先下入葱段、姜片煸出香味，再放入鸭块煸干水分，盛出。

叁 净锅加油烧热，放入白糖，加入少许清水炒成糖色，烹入料酒，倒入炒好的鸭块，用旺火翻炒至鸭块上色。

肆 然后放入冬笋、香菇和泡香菇的水、腐乳、红曲米和清水烧沸，倒入高压锅中，放入八角，上火压15分钟，盛出。

伍 净锅置火上，倒入压好的鸭块 ❗，用旺火烧约5分钟至汤汁收浓，出锅装盘即可。

131

椰香咖喱鸡 ★ 鸭块软嫩，咖喱味浓 ★

原料 ★ 调料

仔鸡1只(约500克)，荷兰豆70克，胡萝卜、土豆各50克，红椒30克，柠檬皮少许，洋葱25克，面粉15克。

精盐2小匙，味精1小匙，咖喱酱5大匙，椰子汁250克，植物油适量。

制作方法

壹 将仔鸡洗涤整理干净，剁成小块，放入沸水锅里煮约20分钟至断生，关火待用。

贰 将红椒去蒂及籽，洗净，切成滚刀块；胡萝卜去皮，洗净，切成滚刀块；柠檬皮洗净，切成细丝；土豆去皮，洗净，切成小块；荷兰豆择洗干净；洋葱洗净，切成细丝。

叁 锅中加入植物油烧至五成热，先放入面粉炒出香味，再放入胡萝卜块、土豆块、洋葱丝、柠檬丝略炒一下。

肆 然后加入咖喱酱❗、椰子汁，放入煮好的鸡块炖煮约10分钟，再放入红椒块，加入精盐、味精翻炒均匀至入味，即可出锅装盘。

黄油灌鸡肉汤丸 ★外酥里嫩，清香味美 ★

原料 ★ 调料

鸡肉馅150克，面包糠100克，洋葱末50克，鸡蛋2个。

精盐1小匙，味精、黑胡椒粉各1/2小匙，面粉2大匙，白兰地酒2小匙，黄油1小块。

制作方法

壹 取50克鸡肉馅放入粉碎机中，先加入1个鸡蛋液、黑胡椒粉、白兰地酒，再放入洋葱末、少许清水粉碎成鸡肉泥，取出，倒入大碗中。

贰 然后放入剩余的鸡肉馅搅拌均匀，加入精盐、味精搅打上劲。

叁 将黄油切成小丁；小碗中磕入另一个鸡蛋搅打均匀成鸡蛋液。

肆 鸡肉馅挤成小丸子❶，中间放入黄油丁，再裹匀面粉，拖上一层鸡蛋液，然后滚粘上面包糠，放入热油锅中炸至金黄色、熟嫩时，捞出沥油，装盘上桌即可。

秘制南北家常菜

133

湖州千张包 ★豆皮软嫩，馅料清鲜★

原料 ★ 调料

豆皮	200克
猪肉馅	100克
榨菜	50克
水发海米	20克
水发木耳	15克
鸡蛋黄	1个
葱末	10克
姜末	10克
精盐	1小匙
味精	少许
淀粉	1大匙
水淀粉	2大匙
料酒	4小匙
香油	2小匙

制作方法

壹 水发海米洗净，切成细末，放入热锅中炒干，再加入少许植物油炒香，出锅、晾凉。

贰 榨菜洗净，切成细末；水发木耳择洗干净，撕成小块；猪肉馅放入碗中，加入香油、精盐、料酒，再放入1/2的姜末、榨菜末和晾凉的海米搅匀至上劲，静置20分钟。

叁 豆皮切成10厘米见方的夫片，撒上少许淀粉 ，放上少许肉馅，依次包好成千张包。

肆 电饼铛烧热，加入少许植物油，整齐地摆放上千张包生坯，盖上盖，煎约3分钟，取出。

伍 锅置火上，加入少许植物油烧热，放入姜末炒香，烹入料酒，加入精盐、味精及少许清水烧沸。

陆 再放入木耳和煎好的千张包，转小火烧约3分钟，取出千张包装盘。

柒 锅中汤汁上火烧沸，放入葱末，用水淀粉勾芡，浇在千张包上，即可上桌食用。

豆皮苦苣卷 ★色泽淡雅，软嫩清香★

原料 ★ 调料

豆皮100克，苦苣80克，猪肉50克，豆芽30克，香菇适量。

精盐、味精、白糖、酱油、蚝油、香油、水淀粉、植物油各适量。

制作方法

壹 将猪肉洗净，切成小条；香菇去蒂，洗净，切成小块；苦苣择洗干净，切成小段。

贰 将豆皮洗净，沥水，切成大片，平铺在案板上，放上少许苦苣段卷起成卷 ⚠️ ，用牙签串好。

叁 锅置火上，加入植物油烧热，放入豆皮卷煎炸至酥软，再放入猪肉条略炒。

肆 然后放入香菇块，加入香油、酱油及适量清水，转小火烧至入味，再加入精盐、味精、白糖、蚝油，放入净豆芽烧至熟嫩，捞出装盘。

伍 锅中汤汁烧沸，用水淀粉勾薄芡，出锅浇淋在豆皮卷上即成。

秘制南北家常菜

136

虎皮鹌鹑蛋 ★色泽美观, 软浓情鲜 ★

原料 ★ 调料

鹌鹑蛋350克。

桂皮、八角、葱花、姜末各少许, 精盐、味精、酱油、植物油各适量。

制作方法

壹 将鹌鹑蛋洗净, 放入清水锅中烧沸, 煮5分钟至熟, 取出过凉, 剥去外壳。

贰 锅置火上, 加入少许植物油烧热, 放入八角、桂皮、葱花、姜末煸香。

叁 再加入少许酱油、精盐及适量清水烧沸, 煮约5分钟, 然后加入味精调味, 倒入碗中。

肆 净锅置火上, 加入植物油烧热, 放入鹌鹑蛋炸至金黄色, 捞出沥油, 放入煮好的味汁中浸泡至入味❗, 捞出装盘, 即可上桌食用。

辣子鸡里蹦 ★色泽红亮, 香辣味浓★

原料 ★ 调料

鸡腿肉400克, 虾仁150克。

辣椒酥50克, 干辣椒5克, 姜片10克, 花椒2克, 豆瓣酱、白糖各1小匙, 精盐、味精各少许, 酱油2小匙, 料酒2大匙, 淀粉1大匙, 植物油适量。

制作方法

壹 将鸡腿肉去掉筋膜, 洗净杂质, 切成小丁, 放在容器内, 加入洗净的虾仁, 再放入姜片调匀。

贰 然后放入料酒、酱油、精盐和味精调匀, 腌渍20分钟, 拣出腌鸡肉的姜片, 加入淀粉和少许植物油拌匀。

叁 净锅置火上, 加入植物油烧至六成热, 放入鸡肉、虾仁炸至熟嫩, 捞出沥油。

肆 原锅留底油烧热, 加入腌鸡肉的姜片炒香, 再<u>放入豆瓣酱</u>❶、料酒、精盐、白糖、花椒和鸡块、虾仁煸炒片刻。

伍 然后放入干辣椒和辣椒酥翻炒均匀, 撒上味精炒匀, 出锅装盘即可。

酸辣鸡丁
★ 鸡肉软嫩，香辣酸香 ★

原料 ★ 调料

鸡腿肉400克，青椒丁、红椒丁各10克，鸡蛋1个。

干红椒10克，葱花、姜片各5克，精盐、白糖各1小匙，味精少许，淀粉3大匙，酱油4小匙，米醋、料酒各5小匙，香油1/2小匙，植物油适量。

制作方法

壹 鸡腿肉洗净，切成丁，加入精盐、酱油、料酒、味精调拌均匀，再加入鸡蛋液搅匀，腌渍10分钟，然后加入淀粉拌匀上浆，淋入少许植物油。

贰 取小碗，加入酱油、米醋、料酒、精盐、白糖及少许清水调匀成味汁。

叁 锅置火上，加入植物油烧热，放入鸡肉丁滑油至八分熟，捞出沥油。

肆 锅中留底油烧热，放入用水泡过的干红椒，下入葱花、姜片炒香。

伍 再烹入调好的味汁烧沸 ❗，用水淀粉勾芡，放入炸好的鸡肉丁炒匀，然后放入青椒丁、红椒丁煸炒均匀，淋入香油炒匀，出锅装盘即可。

秘制南北家常菜

139

酥炸脆豆腐 ★外酥里嫩，香辣浓香★

原料 ★ 调料

北豆腐……………… 1块
小葱……………… 25克
香菜……………… 20克
熟芝麻……………… 15克
酱油……………… 1大匙
米醋……………… 2小匙
芝麻酱………… 1/2小匙
蒜蓉辣酱………… 3大匙
香油……………… 1小匙
白酒……………… 少许
味精……………… 少许
植物油……………… 适量

制作方法

壹 北豆腐洗净，用纱布包好，放入热水锅中煮约8分钟❗，取出，放入盘中，用重物压20分钟，取下重物，再把豆腐切成小块。

贰 锅中加入适量植物油烧至七成热，放入豆腐块炸至金黄色，捞出沥油，码放在盘内。

叁 香菜去根和老叶，洗净，切成碎末；小葱择洗干净，切成细末。

肆 锅中加入适量植物油烧热，加入蒜蓉辣酱、酱油、米醋、味精及适量清水烧沸。

伍 出锅倒在碗内调匀成酱汁，晾凉后加入芝麻酱、香油、熟芝麻、白酒拌匀。

陆 再放入葱末、香菜末调拌均匀成味汁，浇在炸好的豆腐上即成。

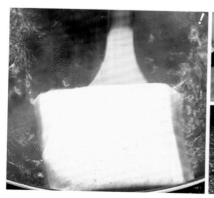

泡菜生炒鸡 ★鸡肉滑嫩、鲜辣味浓★

原料★调料

鸡腿肉400克、四川泡菜100克、青椒50克、鸡蛋1个。

大葱15克、姜块10克、蒜瓣5克、精盐2小匙、料酒1大匙、味精、淀粉各适量、植物油4大匙。

制作方法

壹 将大葱洗净、切成滚刀块；姜块去皮、洗净、切成小片；蒜瓣去皮、洗净、切成小片；青椒洗净、去蒂及籽、切成小块。

贰 鸡腿肉洗涤整理干净、切成小块、放入碗中、磕入鸡蛋、加入泡菜汤、淀粉搅拌均匀、腌渍20分钟。

叁 锅中加入植物油烧至八成热、放入腌好的鸡腿肉略炒、再放入葱、姜、蒜及泡菜里的红辣椒炒出香味。

肆 然后加入精盐、料酒、味精调味、再放入剩余泡菜、青椒块炒匀、<u>出锅倒入砂锅中</u> 、上火焖制3分钟、即可出锅装盘。

秘制南北家常菜

142

家常干捞粉丝煲 ★色泽淡雅, 鲜香适口★

原料 ★ 调料

虾仁100克、猪肉末75克、细粉丝50克、净青菜少许。

葱末、姜末、蒜末各5克、精盐、白糖各1小匙、胡椒粉香油各少许、沙茶酱、料酒各1大匙、酱油1/2大匙、植物油3大匙。

制作方法

壹 细粉丝放在盆内、加入温水浸泡至刚软、捞出沥水; 把虾仁洗净、攥净水分、从虾仁背部片开、去掉虾线。

贰 净锅置火上、加入清水和少许精盐烧沸、下入虾仁、关火后烫3分钟、捞出沥水。

叁 净锅加入植物油烧热、下入葱末、姜末和蒜末爆香、再放入料酒和沙茶酱炒香、加入猪肉末煸<u>炒至变色</u>。

肆 然后加入酱油、白糖、胡椒粉炒匀、放入粉丝和青菜煸炒均匀。

伍 砂锅加入植物油烧热、倒入炒好的粉丝和虾仁、盖上砂锅盖、再加入少许料酒焖约20秒、离火上桌即可。

143

雪菜肉末蒸蛋羹 ★ 蛋羹软嫩，鲜咸味美 ★

原料 ★ 调料

鸡蛋4个（约250克），猪肉末100克，腌雪里蕻80克。

葱末、姜末各5克，精盐1/2小匙，白糖1小匙，胡椒粉、酱油、香油各2小匙，料酒4小匙，植物油1大匙。

制作方法

壹 将鸡蛋磕入碗中，加入适量清水、少许料酒、胡椒粉、精盐搅打均匀成鸡蛋液；腌雪里蕻用清水浸泡并洗净，攥干水分，切成小粒。

贰 猪肉馅放在碗内，加入料酒和少许清水搅匀，再加入葱末、姜末、酱油、胡椒粉拌匀。

叁 蒸锅置火上，加入清水烧沸，放入搅匀的鸡蛋液蒸5分钟至熟❗，关火。

肆 锅置火上，加入植物油烧热，放入猪肉末炒散至水分收干，加入白糖、味精调匀，再放入雪里蕻末炒匀，淋入少许香油，出锅倒在蒸好的鸡蛋羹上即可。

鱼香皮蛋　★ 酥软鲜香, 鱼香味美 ★

原料 ★ 调料

松花蛋200克, 青椒、红椒各20克, 冬笋25克, 水发木耳20克, 鸡蛋1个。

葱末、姜丝各10克, 蒜末20克, 白糖、料酒各1/2大匙, 豆瓣酱、白醋、水淀粉各1大匙, 酱油2小匙, 面粉4大匙, 植物油适量。

制作方法

壹 将面粉放入碗内, 加入鸡蛋、清水和少许植物油搅匀成面糊; 青椒、红椒去蒂, 洗净, 切成小块; 冬笋洗净, 切成片; 水发木耳去蒂, 撕成块。

贰 松花蛋上屉蒸一下, 取出晾凉, 剥去外壳, 切成小块, 放入调好的面糊内搅匀, <u>放入油锅中炸至上色</u> ❗, 再放入青椒、红椒块、笋片冲炸一下, 捞出沥油。

叁 锅中留底油, 复置火上烧至六成热, 加入葱末、姜末炝锅出香味。

肆 再放入豆瓣酱、料酒、酱油、白醋、白糖及适量清水烧沸, 然后用水淀粉勾芡, 再放入蒜末、皮蛋、青椒、红椒、笋片翻炒均匀, 即可出锅装盘。

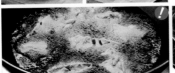

酸梅冬瓜鸭 ★ 色泽淡雅, 酸香适口 ★

原料 ★ 调料

鸭腿200克, 酸梅20克, 冬瓜100克, 榨菜30克, 荷叶1张。

葱段、姜块各20克, 味精1/2小匙, 胡椒粉少许, 白糖1小匙, 蚝油2小匙, 精盐、酱油、香油、植物油各适量。

制作方法

壹 榨菜洗净, 切成丝, 放入清水中浸泡片刻; 话梅去核, 洗净; 荷叶洗净, 铺在盘底。

贰 冬瓜去皮, 洗净, 切成厚片, 加入少许精盐腌制一下, 码放在荷叶盘中。

叁 鸭腿洗净, 剔去筋膜及骨头, 切成小块, 放入碗中, 加入精盐、白糖、酱油、味精、蚝油腌渍20分钟。

肆 再放入酸梅、榨菜、香油抓拌均匀, 放入冬瓜盘中, 入笼蒸约20分钟 ❗, 取出后撒上葱段, 淋入热油, 即可上桌食用。

146

第四章
水产品

菠萝荸荠虾球 ★ 色泽美观，软滑香甜 ★

原料 ★ 调料

草虾	400克
菠萝	100克
荸荠	50克
青椒	25克
鸡蛋清	1个
姜末	10克
精盐	2小匙
白糖	1大匙
胡椒粉	1小匙
白醋	1大匙
葡萄酒	少许
番茄酱	适量
淀粉	适量
水淀粉	适量
植物油	适量

制作方法

壹 荸荠削去外皮，用清水洗净，沥去水分，用刀背拍成碎末；菠萝去皮，用淡盐水浸泡，捞出，切成小条；青椒去蒂，洗净，切成块。

贰 草虾去壳、去虾线，洗净，放入搅拌器内，加入鸡蛋清、精盐、葡萄酒打碎成虾泥，再加入荸荠碎、淀粉搅匀成虾蓉。

叁 净锅置火上，加入植物油烧至五成热，将虾蓉捏成球状，放入油锅内炸至色泽金黄❗，捞出虾球。

肆 原锅中留底油，复置火上烧热，放入番茄酱、葡萄酒炒出香味。

伍 再加入白糖、白醋、姜末、精盐、胡椒粉和少许清水翻炒均匀。

陆 然后放入菠萝条、青椒块略炒，用水淀粉勾芡，然后放入炸好的虾球翻炒均匀，出锅装盘即可。

巧拌鱼丝

★ 鱼肉软韧, 鲜辣味浓 ★

原料 ★ 调料

烤鱼片100克, 胡萝卜50克, 香菜25克, 熟芝麻20克, 青尖椒、红尖椒各15克。

辣椒碎30克, 葱丝15克, 味精1小匙, 白糖1大匙, 柠檬汁5小匙, 香油少许, 番茄酱、植物油各适量。

制作方法

壹 取小碗, 放入番茄酱、辣椒碎拌匀, 再倒入热油炸香成辣椒油。

贰 烤鱼片切成细丝; 胡萝卜洗净, 切成细丝; 香菜择洗干净, 切成小段; 青尖椒、红尖椒分别去蒂、去籽, 洗净, 均切成细丝。

叁 将鱼丝、胡萝卜丝、香菜段、青椒丝、红椒丝放入大碗中, 加入熟芝麻、白糖、柠檬汁拌匀。

肆 再倒入炸好的辣椒油❗, 加入味精、香油调拌均匀, 即可装盘上桌。

菠萝沙拉拌鲜贝 ★ 色泽淡雅，清鲜果香 ★

原料 ★ 调料

鲜贝350克，菠萝100克，黄瓜片80克，洋葱、红辣椒各25克，鸡蛋1个。

精盐、胡椒粉各1小匙，味精少许，面粉3大匙，沙拉酱4大匙，植物油适量。

制作方法

壹 将鲜贝洗净，轻轻攥去水分，切成两半，放入碗中，加入胡椒粉、精盐、味精拌匀、稍腌。

贰 鸡蛋磕入碗中，加入面粉、少许植物油调拌均匀成软炸糊；红辣椒、洋葱分别洗净，均切成三角片；菠萝去皮，洗净，切成小块。

叁 将腌好的鲜贝放入软炸糊中裹匀❗，再放入热油锅中炸至熟透，捞出沥油，放入大碗中。

肆 加入沙拉酱、菠萝块、红椒片、洋葱片拌匀，码放入用黄瓜片垫底的盘中即可。

鲜虾炝豇豆 ★ 色泽美观, 虾鲜豆香 ★

原料 ★ 调料

河虾150克, 豇豆100克, 胡萝卜80克, 熟玉米粒50克, 花生碎少许。

蒜末、姜末各15克, 精盐2小匙, 味精1小匙, 白糖1大匙, 米醋4小匙, 胡椒粉、香油、料酒、酱油、植物油各适量。

制作方法

壹 将豇豆择洗干净, 切成小段, 放入加有少许精盐、白糖的沸水锅中焯烫一下, 捞出沥干。

贰 胡萝卜洗净, 切成小条, 放入沸水锅中焯烫一下, 捞出过凉, 沥干水分。

叁 河虾洗净, 放入热油锅中炒干水分, 再放入熟玉米粒炒匀, 出锅装碗, 然后加入姜末、精盐、味精、米醋、酱油、白糖、胡椒粉、香油、料酒调拌均匀。

肆 锅中加入植物油烧热, 先下入蒜末炒出香味, 再放入豇豆段、胡萝卜条略炒, 然后放入拌匀的河虾❗、花生碎翻炒均匀, 出锅装盘即可。

韩式辣炒鱿鱼 ★鱿鱼软嫩, 香辣味浓 ★

原料 ★ 调料

鲜鱿鱼1个, 洋葱丝、青椒丝、红椒丝、韭菜段各30克, 熟芝麻5克。

葱段、姜块、蒜瓣各10克, 精盐、味精、韩式辣酱、香油、植物油各少许。

制作方法

壹 将鲜鱿鱼撕去皮膜, 洗净, 鱿鱼身切成丝, 鱿鱼须切成段, 放入沸水锅中焯烫一下, 捞出沥水。

贰 葱段、姜块分别择洗干净, 均切成末; 蒜瓣去皮, 洗净, 用刀拍成蒜泥。

叁 碗中加入葱末、姜末、蒜泥、韩式辣酱、香油、精盐、味精搅拌均匀成辣味汁。

肆 锅置火上, 加入植物油烧热, 先放入洋葱丝、青椒丝、红椒丝煸炒均匀。

伍 再放入鱿鱼丝、韭菜段炒匀, 然后烹入调好的辣味汁❗翻炒至入味, 出锅装盘, 撒上熟芝麻即可。

秘制南北家常菜

153

海带焖肉松 ★ 肉松软嫩, 海带清香 ★

原料 ★ 调料

海带结·············· 200克
猪肉馅·············· 150克
鸡蛋··················· 3个
酸豆角··············· 少许
松花蛋··············· 少许
葱花················· 25克
姜末················· 10克
姜丝··············· 少许
精盐··············· 2小匙
白糖··············· 少许
胡椒粉············· 少许
味精··············· 少许
水淀粉············· 1大匙
面粉··············· 适量
香油··············· 适量
植物油············· 适量

制作方法

壹 面粉加入少许清水调匀成面粉糊; 酸豆角洗净, 切成小段; 海带结洗净; 松花蛋切成小块。

贰 鸡蛋磕在大碗内, 加入少许精盐、水淀粉和清水调拌均匀成鸡蛋液, 放入热油锅中摊成蛋皮, 取出、晾凉。

叁 猪肉馅加上精盐、白糖、胡椒粉、味精、姜末、葱花、少许鸡蛋清、水淀粉和香油拌匀成馅料。

肆 鸡蛋皮放在案板上, 涂抹上少许馅料, 卷成长方形, 接口处涂抹上面粉糊成肉松生坯, 再切成佛手形小块 ❗。

伍 净锅置火上, 加入清水烧沸, 放入酸豆角、海带结煮几分钟, 捞出沥水。

陆 锅置火上, 加入植物油烧至五成热, 下入肉松生坯炸至色泽金黄, 捞出沥油。

柒 锅置火上, 放入姜丝、松花蛋、清水、肉松、海带结、酸豆角烧沸, 加入精盐、白糖、胡椒粉, 转中火烧焖3分钟, 出锅装盘即成。

茄汁蓑衣鱼肠 ★ 鱼肠软滑, 茄汁浓香 ★

原料 ★ 调料

鱼肉肠300克, 洋葱50克, 青椒、红椒各1个。

精盐、黑胡椒、味精各少许, 白葡萄酒、番茄酱各2大匙, 植物油适量。

制作方法

壹 将鱼肉肠剥去肠膜, 放在案板上, 先在表面切成3/4深的直刀, 再把鱼肉肠转一下, 继续切直刀成两面相连的蓑衣花刀。

贰 洋葱剥去外层老皮, 洗净, 擦净水分, 切成细末; 青椒、红椒去蒂、去籽, 洗净, 均切成小条。

叁 净锅置火上, 加入植物油烧至五成热, 放入鱼肉肠煎好, 捞出沥油。

肆 锅中留底油, 复置火上烧热, 放入黑胡椒、番茄酱和白葡萄酒调匀。

伍 加入精盐、洋葱末 ❗、味精炒香, 放入炸好的鸡肉肠、青椒条、红椒条煸炒1分钟, 出锅装盘即可。

面糁鱼 ★ 色泽淡雅, 软嫩清香 ★

原料 ★ 调料

净鲈鱼1条（约800克），丝瓜150克，面粉100克，鸡蛋1个，香菜段少许。

葱丝、姜片各15克，精盐2小匙，胡椒粉1小匙，料酒2大匙，植物油适量。

制作方法

壹 丝瓜刮去皮及瓤, 洗净, 切成条; 净鲈鱼洗净, 去掉鱼尾, 切成段, 放入碗中, 加入料酒、胡椒粉和精盐调匀。

贰 鸡蛋磕入大碗内, 再加入面粉、少许植物油和清水调拌均匀成蛋糊, 将鱼块滚上蛋糊, 放入热油锅内煎呈黄色, 捞出。

叁 锅中留底油烧热, 放入姜片、鱼头(切开) ❶ 略煎, 再烹入料酒, 加入适量清水烧沸, 然后放入丝瓜条, 加入精盐、胡椒粉煮1分钟, 捞出鱼头和丝瓜条, 放在汤碗内。

肆 将鱼片放入汤中炖煮3分钟, 倒在汤碗内, 撒上葱丝、香菜段即可。

157

木耳熘黑鱼片 ★ 鱼片软滑, 鲜咸适口 ★

原料 ★ 调料

黑鱼750克, 黑木耳25克, 枸杞子20克, 香菜15克, 鸡蛋清1个。

姜末10克, 精盐2小匙, 白糖1小匙, 水淀粉、淀粉各少许, 香糟卤适量, 植物油1大匙。

制作方法

壹 黑鱼收拾干净, 放在案板上, 顺脊背片下, 剔去鱼骨, 取净鱼肉, 放入水中, 加上冰块浸泡。

贰 捞出鱼肉, 用洁布包裹压去水分, 切成大片, 放在容器内, 加入姜末、精盐、白糖、淀粉和鸡蛋清拌匀, 腌渍入味。

叁 黑木耳用温水浸泡至发涨, 去掉菌蒂, 撕成块, 放入沸水锅内焯烫一下, 捞出沥水; 枸杞子、香菜分别洗净。

肆 净锅置火上, 加入清水烧沸❗, 放入鱼肉片烫至熟嫩, 捞出沥水, 放在盘内。

伍 锅中加油烧热, 下入姜末炒香, 加入枸杞子、香糟卤、精盐、白糖熬至浓稠, 浇淋在鱼片上, 撒上香菜即成。

油渣蒜黄蒸鲈鱼 ★ 鲈鱼软嫩, 油润清香 ★

原料 ★ 调料

鲈鱼1条, 猪肥肉100克, 蒜黄75克, 鲜蚕豆50克。

葱片、姜片各10克, 精盐1大匙, 料酒2小匙, 胡椒粉1小匙, 味精、酱油、水淀粉各少许, 植物油适量。

制作方法

壹 鲈鱼去鳞、去鳃, 去内脏及杂质, 洗净, 用刀在鱼背部沿脊骨划两刀, 抹上少许精盐, 腌渍4小时。

贰 猪肥肉洗净, 切成小丁; 鲜蚕豆放入清水中洗净, 捞出沥干; 炒锅上火, 加入少许清水, 放入肥肉丁炸出油脂, 出锅装碗。

叁 锅中加入清水烧沸, 放入鲈鱼略焯, 捞出码盘, 再撒上胡椒粉、料酒、味精, 放入蚕豆瓣、油渣、葱片和姜片。

肆 蒸锅中加入适量清水烧沸, 放入装有鲈鱼的盘子, 用旺火蒸约10分钟至熟嫩, 出锅。

伍 锅中放入少许油渣、蒜黄段、料酒、酱油、精盐、胡椒粉、清水烧煮至沸 ❶, 用水淀粉勾芡, 出锅浇在鲈鱼上即可。

秘制南北家常菜

鱼子炖粉条 ★ 鱼子清香, 宽粉滑糯 ★

原料 ★ 调料

鱼子	300克
宽粉条	150克
青蒜	30克
红尖椒	15克
鸡蛋	2个
葱白	15克
姜块	10克
八角	少许
胡椒粉	少许
精盐	少许
味精	1/2小匙
酱油	2大匙
料酒	3大匙
甜面酱	1小匙
白糖	1大匙
香油	2小匙
植物油	适量

制作方法

壹 青蒜择洗干净, 切成小段; 红尖椒洗净, 斜刀切成小段; 葱白洗净, 切成小段; 姜块去皮, 洗净, 切成小片。

贰 将宽粉条放入清水中浸泡至发涨, 捞出, 用清水洗净, 切成小段; 鱼子放入小碗中, 加入鸡蛋液、料酒、胡椒粉搅拌均匀。

叁 锅中加入适量植物油烧热, 放入拌好的鱼子, 用中火煎至八分熟, 出锅装盘。

肆 锅中留底油, 复置火上烧热, 放入葱段、姜片、八角略炒, 再加入料酒、酱油、甜面酱及适量清水烧沸。

伍 然后放入煎好的鱼子 ❗, 加入胡椒粉、白糖、精盐、味精调味。

陆 最后放入宽粉条炖约5分钟至熟香, 撒上红尖椒、青蒜段, 淋入香油, 出锅装盘即可。

滑蛋牡蛎赛螃蟹 ★鲜咸软滑, 清香味美★

原料 ★ 调料

牡蛎500克, 青椒、红椒各30克, 鸡蛋1个。

姜块10克, 精盐2小匙, 白醋1小匙, 水淀粉、植物油各适量。

制作方法

壹 将青椒、红椒去蒂及籽, 洗净, 切成细末; 鸡蛋磕开, 将蛋清和蛋黄分别放入两个碗中。

贰 将牡蛎放入淡盐水中静养3小时, 使其吐净泥沙, 开壳取出牡蛎肉。

叁 将牡蛎汁分别放入蛋清和蛋黄中, 加入少许精盐搅匀待用。

肆 坐锅点火, 加入植物油烧至六成热, 分别放入搅匀的蛋清和蛋黄略炒一下❗。

伍 再放入牡蛎肉、青椒、红椒末快速翻炒均匀, 然后用水淀粉勾芡, 再撒上姜末, 淋入白醋, 出锅装盘即可。

香芹虾饼

★ 虾饼软嫩, 鲜咸浓香 ★

原料 ★ 调料

虾仁200克, 芹菜50克, 胡萝卜25克, 鸡蛋1个。

葱段、姜块各10克, 淀粉1小匙, 精盐、水淀粉各2小匙, 料酒1大匙, 胡椒粉少许, 味精、植物油各适量。

制作方法

壹 将芹菜去叶, 洗净, 切成条; 胡萝卜去皮, 洗净, 切成小条; 葱段、姜块用刀背拍散, 放在小碗内, 加入少许清水拌匀。

贰 将虾仁收拾干净, 去掉虾线, 先切成颗粒状, 再用刀背砸成虾蓉❗, 放入容器内, 加入胡椒粉、淀粉、精盐、葱姜水、鸡蛋和料酒调匀上劲。

叁 净锅置火上, 加入植物油烧热, 放入虾蓉煎成虾饼, 呈金黄色时取出, 晾3分钟, 切成细条。

肆 净锅复置火上, 加入植物油烧热, 用葱段、姜片爆香, 捞出葱、姜不用, 放入芹菜段、胡萝卜条, 烹入料酒, 加入精盐、味精、清水和胡椒粉炒匀。

伍 用水淀粉勾芡, 放入虾饼条, 转小火熸炒几下, 出锅装盘即可。

江南盆盆虾 ★河虾脆嫩，口味浓鲜★

原料 ★ 调料

河虾、香菜、熟芝麻各少许，小葱15克。

味精少许，胡椒粉1小匙，酱油2大匙，蚝油2小匙，料酒1大匙，植物油适量。

制作方法

壹 将河虾放入淡盐水中浸洗干净，捞出沥干；小葱、香菜分别择洗干净，切成细末。

贰 取小碗，加入胡椒粉、料酒、酱油、味精、蚝油及适量清水调拌均匀成味汁。

叁 锅中加入少许植物油烧热，烹入调好的味汁烧沸，出锅装盆。

肆 锅再上火，加入适量油烧至八成热，放入河虾炸至酥脆❶，出锅装碗，再放上葱末、香菜末搅拌均匀，倒入味汁盆中，撒上熟芝麻，即可上桌食用。

芙蓉虾仁 ★ 色泽淡雅, 鲜嫩清香 ★

原料 ★ 调料

虾仁200克, 鸡蛋清3个, 牛奶100克, 青豆适量。

大葱、姜块各10克, 精盐2小匙, 味精1小匙, 料酒1大匙, 淀粉、植物油各适量。

制作方法

壹 将大葱择洗干净, 切成小段; 姜块去皮, 用清水洗净, 切成小片。

贰 虾仁在背部划一刀, 去掉沙线, 洗净, 放入小碗中, 加入少许精盐、淀粉、料酒拌匀, 腌渍20分钟。

叁 净锅置火上, 加入适量清水烧煮至沸, 放入虾仁焯烫至熟, 捞出沥水。

肆 取粉碎机, 放入葱花、姜片、鸡蛋清搅打均匀, 倒入大碗中, 再加入牛奶、少许精盐调匀成芙蓉汁。

伍 净锅复置火上, 加入少许植物油烧热, 倒入调好的芙蓉汁推炒均匀, 再加入味精调味, 然后放入洗净的青豆, 用水淀粉勾芡, 放入熟虾仁炒匀 ❶, 出锅装盘即成。

美味炒蛏子

★ 鲜嫩清香, 豆豉味浓 ★

原料 ★ 调料

蛏子	500克
猪肉馅	150克
小葱	50克
红尖椒	30克
姜块	15克
精盐	1小匙
蚝油	2小匙
料酒	1大匙
辣豆豉	2大匙
味精	1/2小匙
植物油	3大匙

制作方法

壹 将蛏子放入淡盐水中浸泡30分钟使吐净泥沙, 捞出冲净, 沥干水分。

贰 将小葱择洗干净, 切成5厘米长的小段; 姜块去皮, 洗净, 切成细末; 小红辣椒洗净, 去蒂及籽, 切成椒圈。

叁 将猪肉馅放入小碗中, 加入适量料酒, 用筷子调拌均匀。

肆 锅中加入植物油烧至六成热, 先放入豆豉炒出香味, 再放入调好的猪肉馅略炒。

伍 然后放入姜末, 烹入料酒, 加入精盐、蚝油、味精、姜末调好口味。

陆 再放入蛏子翻炒均匀, 撒上小葱段、红椒圈 ⓘ , 即可出锅装盘。

酒醉咸鱼

★ 咸鱼软嫩, 清香嫩滑 ★

原料 ★ 调料

鲜草鱼1条(约1000克), 冬笋片少许。

葱段、姜片各少许, 花椒30粒, 精盐150克, 白酒适量。

制作方法

壹 锅置火上, 放入精盐、花椒, 用中火翻炒至变色, 出锅装盘, 摊开晾凉。

贰 鲜草鱼洗涤整理干净, 剁去鱼头, 从脊背切开至尾部, 抹匀白酒稍腌, <u>再放入炒好的精盐中擦匀</u> ❶, 用重物压上, 腌渍12小时。

叁 将腌好的鱼用绳子拴好, 悬挂在阴凉通风处风干; 食用时取下咸鱼洗净, 剁成段, 放入大碗中, 码上冬笋片。

肆 再放入葱段、姜片, 加入白酒和少许清水, 入锅蒸40分钟, 将蒸好的咸鱼取出, 改刀切成小条, 码盘上桌即可。

酥醉小平鱼 ★鱼鲜味美，汁亮咸香★

原料 ★ 调料

小平鱼500克，红椒圈20克。

大葱、姜块各10克，精盐1小匙，味精1/2小匙，五香粉4小匙，花椒少许，白糖1大匙，米醋2小匙，酱油5小匙，料酒2大匙，植物油适量。

制作方法

壹 大葱择洗干净，切成细丝；姜块去皮，洗净，切成小片；平鱼洗涤整理干净，剞上斜刀，放入碗中，加入花椒、精盐、味精、料酒、姜片、葱丝腌制20分钟。

贰 锅中加入适量清水、花椒、五香粉、酱油、白糖、米醋烧开，再加入料酒、葱丝、姜片、红椒圈熬煮至汤汁剩余1/2时，关火。

叁 锅中加油烧至七成热，放入小平鱼炸酥❗，再放入调好的汁中浸泡1分钟，捞出装盘，撒上红椒圈，即可上桌食用。

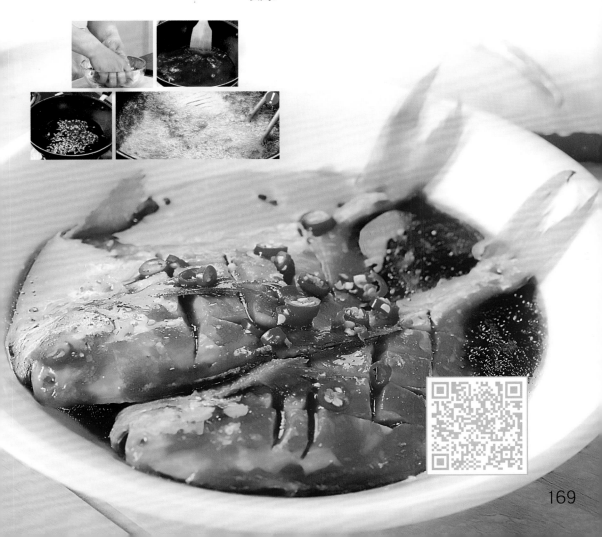

柠香脆皮鱼 ★ 鱼肉脆嫩，酸甜适中 ★

原料 ★ 调料

净鲈鱼1条，柠檬1个，青豆25克。

葱段、姜片各10克，白糖、精盐各2小匙，番茄酱2大匙，淀粉、面粉各4大匙，白葡萄酒3大匙，胡椒粉、水淀粉各少许，植物油适量。

制作方法

壹 将柠檬洗净，取柠檬果肉，切成小丁，柠檬皮改刀切成细丝。

贰 净鲈鱼洗净，擦净水分，切下鱼头，再沿鱼脊背将鱼切开，片去鱼骨，取净鱼肉，改刀切成片，放在碗内，加入精盐、胡椒粉、白葡萄酒、葱段、姜片搅匀后静置待用。

叁 将淀粉、面粉、少许清水和植物油放入小碗内调拌均匀成面糊，放入鱼片挂匀，再放入热油锅内炸至金黄色，捞出沥油，放在盘内。

肆 锅中留底油烧热，放入葱、姜炝锅，加入清水、柠檬、胡椒粉、葡萄酒煮2分钟，放入番茄酱、白糖、精盐和青豆，用水淀粉勾芡，浇在鱼片上❗，撒上柠檬皮丝即可。

柠香杏仁酥虾球 ★ 虾仁酥香，柠檬味浓 ★

原料 ★ 调料

大虾300克，杏仁50克，鸡蛋黄1个。

精盐2小匙，白糖、柠檬汁各2大匙，料酒1小匙，吉士粉、淀粉、植物油各适量。

制作方法

壹 将大虾去掉虾头，剪开虾的背部，去除沙线，洗净；杏仁洗净，放入锅中炒熟，取出待用。

贰 将虾仁放入大碗中，加入料酒及少许精盐腌渍10分钟；取小碗，加入吉士粉、鸡蛋黄及少许清水搅拌均匀，再加入淀粉、植物油搅成蛋糊。

叁 将虾仁蘸上淀粉，再挂匀蛋糊，<u>下入热油锅中炸至金黄色</u>❶，捞出沥油。

肆 将柠檬汁和白糖按1:1的比例放入碗中，加入少许精盐、吉士粉、淀粉及适量清水搅拌均匀成味汁。

伍 锅中加入少许植物油烧热，倒入调好的味汁，再放虾仁、杏仁翻炒均匀，出锅装盘即可。

秘制南北家常菜

171

五柳糖醋鱼 ★ 外酥里嫩，酸甜味鲜 ★

原料 ★ 调料

鲤鱼	1条
青椒丝	少许
红椒丝	少许
笋丝	少许
香菜丝	少许
葱丝	少许
姜丝	少许
蒜蓉	少许
精盐	4小匙
白糖	4大匙
米醋	4大匙
酱油	1小匙
料酒	2大匙
淀粉	适量
植物油	适量

制作方法

壹 将鲤鱼洗涤整理干净，剞上花刀，再抹匀精盐，加入1大匙料酒腌15分钟。

贰 将淀粉放入容器中，加入清水调开，再加入少许植物油搅匀成淀粉糊；将鱼身内外抹匀干淀粉，再放入淀粉糊中挂匀糊。

叁 锅置火上，加入植物油烧至九成热，放入鲤鱼炸至定型、酥脆❗️，捞出装盘。

肆 锅中留底油烧至六成热，下入葱丝、姜丝、笋丝、青椒丝、红椒丝、香菜丝炒香。

伍 再烹入料酒，加入米醋、酱油、精盐、白糖、少许清水烧煮至沸。

陆 用水淀粉勾芡，撒上少许蒜蓉翻炒均匀，出锅浇在鱼上即成。

炸煎虾 ★大虾软嫩,清香适口★

原料 ★ 调料

大虾400克,荸荠50克。

大葱、姜块、蒜瓣各5克,精盐1小匙,料酒1大匙,味精、白糖、胡椒粉、香油各少许,淀粉2大匙,植物油适量。

制作方法

壹 将荸荠洗净,切成大片;大葱择洗干净,切成细丝;姜块去皮,洗净,切成丝;蒜瓣洗净,切成薄片。

贰 大虾去掉虾头,取出沙袋,再把多余的爪子剪掉,洗净,去除虾线,将大虾一分为二。

叁 将大虾放大碗内,加入料酒、味精、精盐和胡椒粉腌制入味,再加入淀粉和少许清水搅匀。

肆 将葱丝、姜丝、蒜片、料酒、精盐、白糖、香油、胡椒粉放入碗内,调匀成味汁;净锅置火上,加入植物油烧至六成热,<u>放入大虾炸至金黄色</u>❗,捞出沥油。

伍 锅中留底油烧热,放入大虾和调好的味汁、荸荠片翻炒均匀,出锅即可。

秘制南北家常菜

174

大展宏图油焖虾 ★ 色泽红亮，鲜咸酸香 ★

原料 ★ 调料

对虾650克。

葱段、姜片各少许，精盐、味精、料酒各2小匙，白糖、番茄酱各3小匙，植物油适量。

制作方法

壹 将对虾洗净，剪去虾腿、虾尾，虾头剪去1/3，再剪开虾背，去除虾线。

贰 锅置火上，加入植物油烧至六成热，放入葱段、姜片用小火煸香，捞出葱段、姜片不用，再放入对虾煸至两面呈红色时。

叁 再烹入料酒，加入番茄酱、少许清水烧沸，然后加入精盐、白糖收浓汤汁。

肆 再加入味精，取出对虾装盘 ❗，锅中汤汁煮至黏稠，浇在对虾上即可。

175

家炖年糕鱼头 ★ 鱼肉软滑，香味浓郁 ★

原料 ★ 调料

胖头鱼头1个，带皮五花猪肉50克，年糕条适量。

葱段、姜片、蒜片、干辣椒、花椒、香叶、桂皮、八角各适量，白糖、米醋各2小匙，料酒3大匙，胡椒粉1小匙，酱油2大匙，香油1小匙，植物油2大匙。

制作方法

壹 带皮五花猪肉洗净，再改刀切成片；胖头鱼去掉鱼鳃和杂质，用清水洗净，取出擦净水分。

贰 净锅置火上，加入植物油烧至六成热，放入葱段、姜片、蒜片煸出香味。

叁 再放入桂皮、香叶、八角、干辣椒、花椒和猪肉片翻炒均匀，然后放入鱼头、料酒、酱油和清水，用旺火烧煮至沸。

肆 再加入胡椒粉、白糖和米醋，继续旺火炖30分钟，放入年糕条，改用中火煮5分钟，淋入香油，出锅上桌即可。

酥炸蚝肉 ★外酥里嫩, 清香适口 ★

原料 ★ 调料

蚝肉300克, 花生碎20克, 辣椒碎15克, 苏打粉10克, 鸡蛋1个, 熟芝麻少许。

胡椒粉1小匙, 面粉、淀粉各2大匙, 精盐、孜然、白糖各2小匙, 料酒1大匙, 味精少许, 植物油适量。

制作方法

壹 蚝肉去掉污物, 放入淡盐水中浸泡并洗净, 捞出, 换清水漂洗一下, 取出, 沥干水分。

贰 取小碗, 加入花生碎、芝麻、辣椒碎、孜然、白糖、精盐、味精调匀成蘸料。

叁 另一碗内加入鸡蛋液、面粉、淀粉、苏打粉及少许清水调拌均匀成鸡蛋糊。

肆 把蚝肉放入容器内, 加入胡椒粉、精盐、料酒拌匀, 腌渍片刻。

伍 净锅加油烧热, 把腌渍好的蚝肉粘匀淀粉, 再裹匀一层鸡蛋糊, 把蚝肉放入热油锅中炸至熟脆❗, 出锅沥油, 装入盘中, 随蘸料一同上桌即成。

秘制南北家常菜

177

辉煌珊瑚鱼

★ 鱼肉酥香, 橙汁味浓 ★

原料 ★ 调料

草鱼	1条(约1000克)
鸡蛋清	1个
熟松仁	少许
葱段	10克
姜块(拍破)	10克
精盐	1大匙
胡椒粉	1/2小匙
料酒	2小匙
浓缩橙汁	适量
淀粉	适量
水淀粉	2大匙
植物油	750克(约耗70克)

制作方法

壹 将草鱼洗涤整理干净, 去骨取肉, 先用坡刀片成大片, 再切成梳子状。

贰 加入少许精盐、料酒、胡椒粉、鸡蛋清、葱段、姜块拌匀, 腌15分钟至入味。

叁 将腌好的鱼肉片取出, 沥去腌汁, 均匀地裹上淀粉后抖散, 卷成卷。

肆 锅中加入植物油烧热, 下入鱼卷炸至淡黄色、呈珊瑚状时, 捞出沥油, 装入盘中。

伍 净锅加入底油烧热, 加入浓缩橙汁、适量清水、2小匙精盐烧沸。

陆 用水淀粉勾浓芡, 起锅浇在珊瑚鱼上❗, 再撒上熟松仁即可。

鲇鱼炖茄子

★ 鱼嫩茄香，酱汁浓香 ★

原料 ★ 调料

鲇鱼1条，茄子1个，猪五花肉1小块。

蒜瓣25克，姜片15克，八角3个，料酒、酱油、黄酱各1大匙，白糖2小匙，胡椒粉少许，植物油2大匙。

制作方法

壹 将鲇鱼去除鱼鳃和内脏，用清水漂洗干净，捞出，沥净水分。

贰 锅中加入清水，置火上烧沸，放入鲇鱼焯烫一下，捞出，放入冷水盆内，刮去鲇鱼表面的黏膜，然后剁几刀。

叁 将茄子去蒂、去皮，洗净，切成大片，在表面剞上花刀；猪五花肉洗净，沥去水分，切成薄片。

肆 锅中加油烧热，下入姜片和蒜瓣爆香，再放入八角和猪肉片煸炒片刻，放入茄子片略炒，出锅。

伍 锅中加底油烧热，放入黄酱略炒，再加入料酒、酱油、白糖、胡椒粉炒匀，然后放入炒好的茄子 ❶，加入清水和鲇鱼，盖上盖，转小火炖20分钟，出锅装碗即可。

家常水煮鱼 ★鱼肉滑嫩, 香辣味厚★

原料 ★ 调料

草鱼1条(约750克), 黄豆芽300克, 鸡蛋1个, 白芝麻25克, 灯笼椒10克。

葱段、姜片、蒜瓣各25克, 八角、桂皮、花椒、辣椒各适量, 精盐2小匙, 淀粉、料酒各1大匙, 胡椒粉1小匙, 味精、植物油、香油各适量。

制作方法

壹 草鱼去骨, 取带皮鱼肉, 再改刀片成大片, 加入鸡蛋、胡椒粉、精盐、料酒、淀粉和少许油上浆, 腌制1小时。

贰 将八角、桂皮、辣椒、花椒放入清水锅内煮至锅内水干为止, 再倒入植物油(约500克)、香油烧热, 放入葱段、姜片和蒜瓣炸20分钟成香辣油。

叁 另起锅, 加油烧热, 下入黄豆芽、料酒、精盐、味精爆炒至七分熟, 出锅装盘。

肆 净锅置火上, 加入清水和少许精盐烧沸, 倒入鱼肉片烫至变颜色❗, 轻轻捞出鱼肉片, 沥干水分, 放在黄豆芽上, 捞出香辣油中的香料放在上面。

伍 香辣油放入锅中, 加入灯笼椒和花椒炸香, 撒上白芝麻, 出锅浇到鱼片上即可。

181

焦熘口袋虾 ★色泽美观，酥香味鲜★

原料 ★ 调料

虾仁150克，油豆泡100克，荸荠4个，水发木耳少许，鸡蛋清1个。

葱末、姜末、蒜末各10克，葱片、姜片、蒜片各5克，精盐、酱油各2小匙，胡椒粉1/2小匙，白糖、米醋各1小匙，料酒3小匙，淀粉、水淀粉、香油各适量，植物油500克（约耗50克）。

制作方法

壹 将油豆泡切下一面，中间挖空，把内侧翻过来，把取出的豆泡内瓤剁碎；荸荠去皮，洗净，取2个剁成末，另2个切成片；虾仁去除虾线，洗净，剁成泥。

贰 葱末、姜末放入碗中，加入荸荠末、虾泥、豆泡末拌匀，再加入胡椒粉、精盐、酱油、白糖、米醋、蛋清、淀粉、香油搅匀成馅料，酿入豆泡中，粘上淀粉成口袋虾生坯。

叁 锅加入植物油烧至六成热，下入口袋虾生坯炸至金黄色，捞出沥油。

肆 锅中留底油烧热，下入葱片、姜片、蒜片炝锅，再烹入料酒，放入木耳、荸荠片炒匀，加入清水烧沸，用水淀粉勾芡，放入炸好的口袋虾炒匀❗，淋入香油即成。

菊花口水鱼 ★菊花清香, 味汁独特 ★

原料 ★ 调料

草鱼1条（约1000克），菊花瓣50克，花生碎35克，熟芝麻20克。

葱末、姜末、蒜末各少许，精盐、芝麻酱、酱油各2小匙，花椒粉1/2大匙，白糖、米醋各1小匙，油豆瓣3大匙，香油3小匙。

制作方法

壹 将草鱼去鳃、去鳞，除去内脏，用清水洗净，擦干水分，切成小段。

贰 锅置火上，加入适量清水、精盐烧沸，放入草鱼段烧沸，转小火焖煮至熟香。

叁 碗中加入米醋、酱油、精盐、油豆瓣、熟芝麻、花椒粉、香油、芝麻酱调匀。

肆 再放入花生碎、葱末、姜末、蒜末、白糖、25克菊花瓣调匀成口水味汁。

伍 将焖好的鱼块取出，摆入盘中呈鱼形，浇上调好的口水味汁 ❗，撒上剩余的菊花瓣即可。

醋酥鲤鱼 ★ 外酥里嫩, 鲜咸酸香 ★

原料 ★ 调料

鲤鱼1条(约750克), 胡萝卜75克, 海带结100克。

大葱5克, 姜块25克, 香叶、丁香、花椒、陈皮各少许, 精盐少许, 酱油3大匙, 料酒2大匙, 香醋1瓶。

制作方法

壹 鲤鱼去掉鱼鳃、内脏(不去鱼鳞), 用清水漂洗干净, 擦净表面水分。

贰 大葱去根, 洗净, 切成段; 姜块去皮, 洗净, 切成大片; 胡萝卜去皮, 洗净, 切成薄片; 海带结洗净。

叁 姜片垫在锅的底部, 放入海带结、胡萝卜片, 再铺上香叶、花椒、陈皮、葱段和丁香, 上面放入鲤鱼。

肆 再倒入香醋, 加入酱油 ❶ 、料酒、精盐和适量清水, 盖上锅盖, 用中档焖约6小时至鲤鱼酥香。

伍 关火后开盖晾凉, 取出鲤鱼、胡萝卜和海带结, 码放在盘内即可。

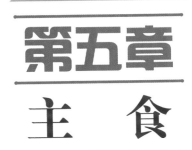

第五章
主 食

♥ 主 食 ♥

蔬菜食用菌　　畜 肉　　禽蛋豆制品　　水产品

翡翠凉面拌菜心

★ 面条软滑, 酱汁熟香 ★

原料 ★ 调料

面粉	250克
菠菜	150克
白菜心	150克
熟芝麻	50克
鸡蛋	2个
胡萝卜丝	少许
蒜末	25克
精盐	少许
芥末酱	少许
白糖	2大匙
豆瓣酱	2大匙
酱油	2大匙
芝麻酱	1大匙
香油	1大匙
米醋	3大匙

制作方法

壹 菠菜去根和老叶, 洗净, 放入沸水锅中焯烫一下, 捞出过凉, 沥干水分。

贰 鸡蛋磕入搅拌器中, 再加入菠菜和少许精盐搅打成菠菜鸡蛋泥。

叁 将面粉放入容器中, 慢慢倒入菠菜鸡蛋泥, 和匀成较硬的面团, 静置10分钟。

肆 锅置火上, 加入香油烧热, 倒入豆瓣酱煸炒至熟, 出锅盛入碗中。

伍 加入芝麻酱、酱油、米醋、白糖、精盐、芥末酱调匀, 再放入熟芝麻和蒜末调拌均匀成味汁。

陆 白菜心洗净, 沥去水分, 切成细丝; 将和好的面团擀成面片, <u>切成细面条</u> ❗。

柒 锅中加入清水烧沸, 下入面条煮熟, 捞出用冷水过凉, 沥去水分, 放入碗中, 加入白菜丝、胡萝卜丝, 随带味汁一起上桌即可。

咸肉焖饭
★ 米饭软嫩，咸肉清香 ★

原料 ★ 调料

带皮猪五花肉1块（约500克），净油菜75克，大米50克，净冬笋片30克，水发香菇25克。

葱丝、姜丝各10克，花椒、八角、陈皮（泡好）各少许，精盐100克，味精1小匙，白酒1大匙，酱油2大匙，白糖、植物油各适量。

制作方法

壹 净锅置火上烧热，放入精盐、花椒、八角、陈皮煸炒几分钟，倒入盘中晾凉。

贰 猪五花肉洗净，用小刀在肉面上扎几下，再抹匀白酒，滚粘上晾凉的精盐，压出水分，挂在通风处晾一周成咸肉。

叁 把咸肉洗净，放入清水锅中煮熟，捞出过凉，切成薄片；水发香菇去蒂，洗净，切成小片。

肆 大米用清水浸泡，捞出，放入电饭锅中，加入适量清水，放入香菇片、冬笋片和咸肉片焖熟 ❶。

伍 锅中加入植物油烧热，下入葱丝、姜丝煸香，再加入酱油、清水、白糖、味精炒匀成汁，盛出。

陆 将净油菜切成小段，放入焖好的米饭中拌匀，再浇淋上味汁，装碗上桌即可。

小炖肉茄子卤面 ★ 肉香茄软，鲜咸适口 ★

原料 ★ 调料

刀切面500克，猪五花肉300克，茄子200克，青椒条、红椒条各少许。

葱段、姜块各10克，桂皮1小块，八角2粒，干辣椒3个，精盐、味精、白糖各少许，黄酱2大匙，花椒油1大匙，植物油适量。

制作方法

壹 猪五花肉洗净，切成1厘米见方的小块；茄子去蒂，洗净，切成滚刀块，放入热油锅中炒至金黄色，取出。

贰 锅中加入植物油烧热，放入五花肉块煸炒，再下入葱段、姜块炒香，加入适量沸水、黄酱、桂皮、八角、干辣椒烧沸，转小火炖30分钟。

叁 然后放入茄子块炖煮5分钟，加入精盐、白糖、味精续炖5分钟，放入青红椒条炒匀，盛出。

肆 净锅加入适量清水烧沸，<u>下入刀切面煮熟</u> ❗，捞入碗中，加入炖肉卤，淋上花椒油即可。

椒盐紫菜家常饼 ★外酥里嫩, 椒盐味浓 ★

原料 ★ 调料

面粉300克, 紫菜25克。

葱花50克, 精盐、花椒粉各适量, 植物油少许。

制作方法

壹 面粉放入盆内, 慢慢倒入适量温水和成较软的面团, 将面团揉搓均匀, 撒上少许清水, 盖上湿布饧5分钟。

贰 将紫菜撕成小块, 加入少许清水浸泡至软, 捞出沥净水分, 放入容器中, 再加入葱花、花椒粉、精盐、植物油搅拌均匀。

叁 将饧好的面团放在案板上, 用擀面杖擀开, 在表面抹匀调好的椒盐紫菜。

肆 将面片卷起来, 擀成饼状, <u>放入热油锅中</u> ❗, 用小火烙至金黄、熟脆时, 取出装盘即可。

香河肉饼 ★ 酥香软嫩, 浓鲜适口 ★

原料 ★ 调料

牛肉馅500克, 标准粉250克, 鸡蛋1个。

葱花、姜末各25克, 十三香2小匙, 味精、豆瓣酱、甜面酱各1小匙, 酱油3大匙, 香油4小匙, 植物油适量。

制作方法

壹 标准粉放入盆中, 先用少许开水烫一下, 再加入适量温水和匀, 饧发约30分钟。

贰 牛肉馅放入容器中, 加入鸡蛋液、酱油、甜面酱、豆瓣酱搅拌均匀, 再加入十三香、香油、味精和姜末搅打上劲, 静置20分钟, 然后加入葱花拌匀。

叁 将饧发好的面团揉搓均匀, 下成大剂子, 按扁后包入适量馅料 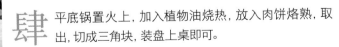, 擀成圆饼状。

肆 平底锅置火上, 加入植物油烧热, 放入肉饼烙熟, 取出, 切成三角块, 装盘上桌即可。

奶香松饼 ★ 色泽黄亮, 奶香味美 ★

原料 ★ 调料

面粉……………	150克
玉米粉…………	150克
鸡蛋……………	1个
绿茶叶…………	少许
苏打粉…………	1/2小匙
牛奶……………	100克
蜂蜜……………	1大匙
植物油…………	少许

制作方法

壹 将玉米面放入大碗中, 加入温水调匀成稀糊, 饧10分钟。

贰 面粉放入小盆中, 加入牛奶、鸡蛋液、苏打粉、植物油调匀, 饧10分钟。

叁 将饧好的面粉糊和玉米粉糊放在一起调拌均匀成奶香粉糊。

肆 平底锅置火上烧热, 舀入奶香粉糊, 撒上少许泡好的绿茶叶。

伍 用小火煎至定型 ❗, 两面呈金黄色时, 取出, 装入盘中一侧。

陆 再舀入适量奶香粉糊煎至金黄色, 取出, 装入盘中另一侧, 浇上蜂蜜, 上桌即可。

焖炒蛋饼 ★ 蛋饼软嫩, 鲜咸清香 ★

原料 ★ 调料

面粉250克, 胡萝卜1根, 韭菜60克, 黄豆芽50克, 鸡蛋2个。

蒜末5克, 精盐1小匙, 味精、胡椒粉各1/2小匙, 酱油2小匙, 米醋、料酒各1大匙, 植物油2大匙。

制作方法

壹 鸡蛋磕入小盆中, 加入面粉、少许精盐和适量清水调成糊状。

贰 平底锅置火上, 加入少许植物油烧热, 倒入面糊烙成鸡蛋饼, 取出, 切成丝。

叁 胡萝卜去皮, 洗净, 切成丝; 韭菜择洗干净, 切成小段; 黄豆芽漂洗干净。

肆 锅置火上, 加入植物油烧热, 放入胡萝卜丝、黄豆芽炒匀, 再放入蛋饼丝❗, 加入精盐、酱油、料酒、胡椒粉、少许清水炒匀, 转小火焖1分钟。

伍 然后放入韭菜段、蒜末, 淋入米醋, 加入味精翻炒均匀, 出锅装盘即可。

蛋羹泡饭 ★ 蛋羹软滑，口味清香 ★

原料 ★ 调料

米饭200克，虾仁100克，鸡蛋2个，净紫菜、鸡蛋清、豌豆、净青菜各少许，香菜段10克。

葱末15克，料酒2小匙，香油1小匙，精盐、淀粉、酱油各少许。

制作方法

壹 虾仁去掉虾线，用清水洗净，轻轻压去水分；净紫菜切成细丝；把虾仁从中间片开成两半，加上少许鸡蛋清、淀粉和精盐等拌匀。

贰 鸡蛋磕在碗内，加入适量清水（约4小杯）、精盐、酱油和料酒搅匀成鸡蛋液。

叁 将米饭放入容器内，倒入调好的鸡蛋液，放入蒸锅内，用旺火蒸约8分钟至鸡蛋液成鸡蛋羹，再把浆好的虾仁放入鸡蛋羹内，撒上净青菜、豌豆❗。

肆 用旺火蒸约2分钟至鸡蛋羹熟嫩，取出，放入葱末、香菜段、紫菜丝，上桌即可。

羊排手抓饭 ★羊排鲜香，浓鲜入口★

原料 ★ 调料

羊排300克，大米饭250克，鲜香菇100克，洋葱50克，胡萝卜30克。

精盐2小匙，酱油1大匙，辣椒粉1/2小匙，白糖2大匙，孜然粉少许，植物油适量。

制作方法

壹 将羊排放入清水中浸洗干净，剁成小块；锅中加入适量清水，放入羊排块焯烫一下，捞出沥干水分。

贰 鲜香菇去蒂，洗净，切成小块；洋葱洗净，切成细丝；胡萝卜去皮，洗净，切成小丁。

叁 锅中加油烧至六成热，先下入洋葱丝煸炒一下，再放入香菇丁、胡萝卜丁，加入孜然粉及少许清水炒出香味，出锅装盘。

肆 取电压力锅，放入羊排块，加入精盐、酱油、白糖、辣椒粉及适量清水煲约25分钟，再放入米饭和炒好的洋葱❗、胡萝卜，盖上锅盖，续煲15分钟，即可出锅装盘。

时蔬饭团 ★ 造型美观, 口味清香 ★

原料 ★ 调料

米饭400克, 鲜香菇、冬笋、胡萝卜、水芹、腌小黄瓜、煮花生米各适量, 熟芝麻少许。

精盐1/2大匙, 味精少许, 香油1小匙, 植物油适量。

制作方法

壹 鲜香菇去蒂、洗净, 切成小丁; 冬笋、胡萝卜洗净, 均切成小丁; 水芹择洗干净, 切成小粒; 腌黄瓜用清水浸泡并洗净, 切成小丁。

贰 锅中加入植物油烧热, 下入香菇丁、冬笋丁、胡萝卜丁、芹菜粒煸炒, 再加入精盐、味精翻炒均匀, 关火后放入煮花生米、米饭翻拌均匀。

叁 然后放入腌黄瓜丁 , 淋入香油、撒上熟芝麻拌匀, 团成饭团即可。

沙琪玛 ★ 传统主食, 酥脆甜香 ★

原料 ★ 调料

面粉·················· 300克
绿茶···················· 5克
鸡蛋···················· 3个
枸杞子················· 少许
芝麻··················· 50克
果脯··················· 适量
苏打粉················· 少许
白糖················· 4大匙
蜂蜜················· 3大匙
植物油················· 适量

制作方法

壹 绿茶放入杯中, 倒入适量清水浸泡成绿茶水; 面粉放入容器内, 加入绿茶水、鸡蛋、苏打粉和成面团。

贰 面团撒上少许清水, 盖上湿布后饧20分钟, 将饧好的面团放在案板上, 先擀成大片, 再切成细面条 ❶。

叁 净锅置火上, 加入植物油烧至七成热, 倒入细面条炸至金黄色, 捞出沥油。

肆 锅中留底油烧热, 加入白糖和少许清水稍炒, 倒入蜂蜜炒浓稠, 放入炸好的面条中炒匀, 加入果脯调匀。

伍 取大碗, 在底部刷上植物油, 撒上芝麻和少许枸杞子, 倒入炒匀的面条, 用重物压实即成。

两面黄盖浇面 ★酥香鲜咸，味美适口 ★

原料 ★ 调料

鸡蛋面200克，猪瘦肉150克，水发香菇、胡萝卜、冬笋、青椒、红椒、洋葱各适量。

精盐2小匙，料酒1大匙，味精、胡椒粉、香油各少许，植物油适量。

制作方法

壹 水发香菇去蒂，洗净，切成丝；冬笋洗净，也切成丝；胡萝卜去皮，切成丝；洋葱、青、红椒均洗净，切成丝。

贰 将猪瘦肉洗净，去掉筋膜，切成肉丝；将鸡蛋面放入清水锅内煮熟，捞出过凉，加入少许油调匀。

叁 净锅置火上，加油烧至五成热，下入鸡蛋面煎至金黄色，捞出放在盘内。

肆 锅中留底油烧热，加入洋葱丝炒香，再放入猪肉丝炒散，然后加入香菇丝、胡萝卜丝、冬笋丝、青、红椒丝炒匀。

伍 倒入料酒、胡椒粉、精盐、味精和少许清水，淋入香油❶，出锅浇在鸡蛋面上即可。

茴香肉蒸饺 ★ 皮嫩馅香，鲜咸味美 ★

原料 ★ 调料

面粉400克，茴香250克，猪肉馅150克，鸡蛋1个。

葱末、姜末各10克，甜面酱2大匙，胡椒粉少许，酱油、料酒、香油各1大匙，植物油适量。

制作方法

壹 茴香择洗干净，改刀切成碎末；猪肉馅放在容器内，加入甜面酱、酱油、胡椒粉和香油调匀。

贰 再放入葱末、姜末、料酒和鸡蛋液搅拌均匀，然后加入切好的茴香末搅拌均匀，制成茴香肉馅料。

叁 将面粉放在容器内，边加入沸水边搅拌均匀成烫面团，烫面团揉搓均匀，分成小面剂，擀成面皮，包上馅料❗后制作成蒸饺。

肆 蒸锅置火上，加入适量清水烧沸，将蒸屉抹上植物油，码放上蒸饺，放入蒸锅内，用旺火沸水蒸约8分钟至熟，取出装盘即可。

鲅鱼饺子 ★ 鱼馅软滑，清香鲜咸 ★

原料 ★ 调料

冷水面团400克，鲅鱼半条，猪肉馅100克，韭菜150克，鸡蛋1个。

葱末、姜末各10克，精盐2小匙，胡椒粉少许，料酒2大匙，味精少许，香油2小匙。

制作方法

壹 韭菜去根和老叶，用清水洗净，沥净水分，切成碎末；鲅鱼去掉鱼头、内脏，洗净杂质，用清水漂洗血污，捞出沥净水分。

贰 将鲅鱼去掉鱼骨，取净鲅鱼的鱼肉，先切碎，再用刀背砸好，将鲅鱼肉放在容器内，放入猪肉馅、料酒、精盐和胡椒粉。

叁 再加入葱末、姜末、香油、鸡蛋、味精和韭菜末，搅拌均匀至上劲成馅料；将冷水面团制成面剂，再擀成面皮。

肆 将调好的鲅鱼馅料用擀好的面皮包好成饺子生坯，放入沸水锅内煮至熟❗即可。

五谷春韭糊饼 ★ 糊饼清香，口味独特 ★

原料 ★ 调料

玉米面、黄豆面、小米面、绿豆面各适量，春韭200克，胡萝卜100克，虾皮50克，鸡蛋3个，黑芝麻少许。

精盐1小匙，味精1/2小匙，啤酒、香油、植物油各适量。

制作方法

壹 将玉米面、黄豆面、小米面、绿豆面按照7:1:1:1的比例放入碗中，加入适量啤酒和清水搅拌均匀成面糊。

贰 将韭菜择洗干净，切成细末；胡萝卜去皮，洗净，切成细丝；虾皮用清水浸泡一下，捞出沥干。

叁 将鸡蛋磕入碗中，加入少许清水搅拌均匀成鸡蛋液，放入热油锅中炒散，出锅装碗，再放入韭菜末、胡萝卜丝、虾皮，加入精盐、味精、香油搅拌均匀成馅料。

肆 将和好的面糊均匀地倒在电饼铛上，开底火加热，烧至糊饼断生。

伍 将和好的馅料均匀地摊放在糊饼上❗，蒸约2分钟至熟，撒上黑芝麻，取出切块，装盘上桌即可。

秘制南北家常菜

203

比萨米饼 ★ 色形美观, 清香味美 ★

原料 ★ 调料

大米·················· 60克
糯米·················· 60克
即食奶酪··········· 50克
西餐火腿··········· 40克
洋葱·················· 25克
西红柿·············· 25克
青椒·················· 20克
鸡蛋·················· 1个
精盐·················· 少许
沙拉酱·············· 4小匙
番茄酱·············· 1大匙
黄油·················· 1大匙
植物油·············· 适量

制作方法

壹 大米、糯米分别淘洗干净, 一同放入碗中, 放入蒸锅中蒸熟成米饭。

贰 西餐火腿切成小条; 洋葱洗净, 切成小片; 青椒洗净, 切成细丝。

叁 黄油切成3小块; 西红柿洗净, 切成小瓣; 即食奶酪切成丝; 鸡蛋磕入碗中打匀成鸡蛋液。

肆 取圆盘一个, 滴入少许植物油涂匀, 放上米饭铺平, 再倒入鸡蛋液抹平, 放入煎锅内。

伍 煎锅边缘倒入少许植物油, 用小火慢煎, 再均匀地抹上番茄酱, 撒上少许精盐略煎。

陆 然后放上火腿条、洋葱片、青椒丝、奶酪丝、黄油片、西红柿瓣、沙拉酱, 盖上锅盖, 转中火煎约6分钟至熟香❗, 出锅装盘即成。

翡翠巧克力包
★ 甜润清香, 味美适口 ★

原料 ★ 调料

面粉适量, 菠菜100克, 橙子皮少许。

发酵粉少许, 巧克力块100克, 牛奶150克, 黄油1大块。

制作方法

壹 锅置火上, 加入黄油烧化, 再放入少许面粉、切碎的巧克力炒匀, 然后加入牛奶炒至黏稠, 出锅倒入碗中, 晾凉成馅心。

贰 橙子皮洗净, 切成细丝; 发酵粉放入碗中, 加入温水泡10分钟; 菠菜择洗干净, 放入粉碎机中, 加入少许清水搅打成泥。

叁 面粉放入盆中, 加入橙皮丝、菠菜泥和发酵粉水和好揉匀, 饧发30分钟。

肆 将发好的面团揉匀, <u>搓条下剂</u> ❶, 擀成薄皮, 包入馅心, 放入笼屉中饧发20分钟。

伍 蒸锅置火上, 加入适量清水, 放入巧克力包烧沸, 转中火蒸约20分钟, 取出装盘即可。

番茄蛋煎面

★ 面条脆嫩，面卤清香 ★

原料 ★ 调料

切面300克，西红柿100克，黄瓜50克，鸡蛋1个，木耳25克。

精盐1小匙，味精1/2小匙，白糖、料酒各2小匙，水淀粉2大匙，植物油适量。

制作方法

壹 黄瓜洗净，切成小片；木耳放入温水中泡发，撕成小块；西红柿洗净，用刀在表面划开，放入沸水中浸烫一下，捞出去皮，切成小块。

贰 鸡蛋磕入碗中，加入少许料酒搅匀，放入热油锅中略炒，再放入西红柿块、木耳，加入精盐、白糖、味精、料酒及适量清水烧沸。

叁 用水淀粉勾芡，出锅装碗，放入黄瓜片拌匀成鸡蛋西红柿卤。

肆 锅中加入适量清水烧沸，放入面条煮至八分熟，捞出过凉，放入碗中，再加入适量植物油搅匀，装入盘中。

伍 锅中加入植物油烧热，放入面条煎至两面焦黄，出锅装盘，浇入鸡蛋西红柿卤❗️，即可上桌食用。

四喜饭卷 ★ 色形美观, 清香适口 ★

原料 ★ 调料

大米饭400克, 紫菜2张, 虾仁50克, 黄瓜、小西红柿、西餐火腿、蟹柳各适量。

精盐1小匙, 白醋、白糖各1大匙, 柠檬汁少许。

制作方法

壹 虾仁洗净, 去掉虾线, 用扦子串上, 放入清水锅内焯烫至熟, 捞出过凉, 去掉扦子以保证虾仁挺脱、不弯曲。

贰 黄瓜用精盐揉搓一下, 放入容器内拌匀, 腌约15分钟, 再用清水洗净, 切成条。

叁 大米饭放入容器内, 加入精盐、白醋、白糖、柠檬汁拌匀后晾凉; 蟹柳切成条状; 西餐火腿切成条; 小西红柿洗净, 切成四瓣。

肆 把竹帘放在案板上, 先放上紫菜, 在紫菜表面抹上一层大米饭, 再摆放上黄瓜条、小西红柿块、熟虾仁、蟹柳和火腿条。

伍 用竹帘卷好成四喜饭卷 ❗, 去掉竹帘, 切成小块, 装盘上桌即可。

栗蓉艾窝窝 ★松软甜润, 栗肉浓香 ★

原料 ★ 调料

栗子、糯米饭各适量, 山楂糕条、黑芝麻各少许。

白糖75克, 椰蓉适量, 牛奶120克, 植物油2大匙。

制作方法

壹 将糯米饭放入塑料袋中, 加入少许清水揉匀揉碎; 栗子去壳、去皮膜, 洗净, 放入清水锅中煮熟, 捞出沥水, 再放入粉碎机中, 加入牛奶一起粉碎, 搅打成栗子蓉。

贰 锅置火上, 加入植物油, 倒入栗子蓉慢慢烧热, 搅炒均匀, 再加入白糖搅炒至黏稠状, 倒入盘中晾凉。

叁 将揉好的糯米分成8块, 按扁成皮, 包入栗子蓉团成球状❶, 再放入椰蓉中滚粘均匀, 摆入盘中, 放上山楂糕条和黑芝麻即可。

蘑菇牛肉意大利面 ★ 腼腆软滑, 口味独特 ★

原料 ★ 调料

意大利面 …………	适量
牛肉末 ……………	适量
干香菇 ……………	适量
蟹味菇 ……………	适量
菠菜 ………………	适量
洋葱末 ……………	适量
精盐 ………………	1小匙
味精 ………………	1/2小匙
黑胡椒粉 …………	1/2小匙
白兰地酒 …………	2小匙
黄油 ………………	3小块

制作方法

壹 将干香菇放入粉碎机中粉碎, 取出, 放入碗中, 加入适量开水泡开。

贰 将菠菜择洗干净, 切成小段; 蟹味菇去根, 洗净, 沥去水分。

叁 锅置火上, 加入黄油烧至熔化, <u>下入洋葱末炒香</u> ❗, 再加入牛肉末炒散。

肆 然后放入蟹味菇不断煸炒至干香, 倒入香菇粉翻炒均匀, 再加入精盐、黑胡椒粉、味精调好口味, 烹入白兰地酒, 关火。

伍 将意大利面放入清水锅内煮熟, 再放入菠菜段烫至熟嫩, 捞出沥水, 放入大碗中。

陆 加入1小块黄油烫化并且拌匀, 装入大盘中, 盛上炒好的蘑菇料, 上桌即可。

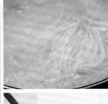

果仁酥

★ 外酥里软，桃仁清香 ★

原料 ★ 调料

面粉150克，核桃仁、松子仁、瓜子仁、芝麻各适量，鸡蛋黄2个。

白糖、植物油各4大匙，苏打粉1小匙。

制作方法

壹 将白糖放入大碗中，先加入鸡蛋黄和适量植物油搅拌均匀。

贰 再放入面粉、苏打粉、瓜子仁、松子仁、芝麻、核桃仁慢慢搅拌均匀，制成面团。

叁 将面团每15克下1个小剂，团成圆球，按上1个核桃仁，依次做好成果仁酥生坯。

肆 电饼铛预热，放入果仁酥生坯，盖上盖，用上下火120℃烤约20分钟 ❗，取出装盘，即可上桌食用。

老北京门钉肉饼 ★外皮清香酥嫩，馅料鲜咸味浓★

原料 ★ 调料

面粉400克，猪肉馅250克，茄子100克，鸡蛋1个。

葱末、姜末各10克，味精少许，胡椒粉、花椒水各1小匙，料酒2小匙，黄酱2大匙，香油1大匙，植物油适量。

制作方法

壹 茄子去蒂，洗净，放入蒸锅内，用大火蒸15分钟，取出，放入大碗中搅碎，再放入猪肉馅、葱末、姜末、鸡蛋液、胡椒粉、料酒、花椒水搅匀。

贰 然后加入黄酱、香油、味精调拌均匀至上劲，置冰箱中冷藏1小时。

叁 面粉放入盆中，先加入开水调匀，再加入少许温水和匀，饧10分钟，将面团搓条下剂，擀成薄片，包入肉馅成门钉肉饼生坯。

肆 平锅置火上，<u>放入肉饼生坯</u> ❗，淋入少许植物油，用中火煎至底部定型，淋入少许清水，盖上锅盖焖2分钟，翻个后淋入少许清水，续焖2分钟至熟香，出锅装盘即可。

创新懒龙 ★ 松暄可口，鲜咸清香 ★

原料 ★ 调料

中筋面粉400克，猪肉馅150克，泡打粉10克。

葱末、姜末各10克，胡椒粉1/2小匙，白糖1小匙，料酒1大匙，酱油3大匙，香油2小匙，植物油2大匙。

制作方法

壹 中筋面粉放入容器内，先加入泡打粉调拌均匀，再加入少许温水和白糖调匀，揉搓均匀成面团，盖上湿布，饧20分钟成发酵面团。

贰 猪肉馅放入容器中，加入酱油、胡椒粉、料酒、香油、少许清水搅匀。

叁 锅中加入植物油烧至六成热，下入葱末、姜末煸炒至微黄，再放入猪肉馅炒至干香，取出，晾凉成馅料。

肆 将发好的面团揉匀，擀成大薄片，抹匀炒好的馅料❗，卷成卷，再饧20分钟成懒龙卷生坯。

伍 蒸锅置火上烧沸，放入懒龙卷，用大火蒸20分钟，取出，切成小段，装盘上桌即可。

芝麻锅炸 ★ 色泽淡雅, 甜润鲜香 ★

原料 ★ 调料

面粉、牛奶各240克, 熟芝麻100克, 鸡蛋2个。

白糖3大匙, 淀粉4小匙, 植物油适量。

制作方法

壹 将熟芝麻放入粉碎机中粉碎, 倒入小碗中, 加入白糖拌匀; 鸡蛋磕入容器中, 加入淀粉、牛奶、面粉搅拌均匀。

贰 锅置火上, 加入适量清水烧沸, 慢慢倒入面粉液搅炒至黏稠, 倒入容器中晾凉、定型, 取出, 切成长方条, 再粘匀淀粉 ❗。

叁 锅置火上, 加入植物油烧热, 下入锅炸条炸至浅黄色, 捞出摆盘, 撒上芝麻白糖末即可。

春季

分类原则 ▼

　　春季养生应以补肝为主，而且要以平补为原则，不能一味使用温补品，以免春季气温上升，加重身体内热，损伤人体正气。春季饮食宜选用较清淡，温和且扶助正气和益元气的食物。如偏于气虚的，可多选用一些健脾益气的食物，如红薯、山药、鸡蛋、鸡肉、鹌鹑肉等。偏于阴气不足的，可选一些益气养阴的食物，如胡萝卜、豆芽、豆腐、莲藕、百合等。

适宜菜肴 ▼

夏季

分类原则 ▼

　　夏季是天阳下济、地热上蒸，万物生长，自然界到处都呈现出茂盛华秀的景象。夏季也是人体新陈代谢量旺盛的时期，阳气外发，伏阴于内，气机宣畅，通泄自如，精神饱满，情绪外向，使"人与天地相应"。夏季饮食养生应坚持四项基本原则，即饮食应以清淡为主，保证充足的维生素和水，保证充足的碳水化合物及适量补充优质的蛋白质，如鱼肉、瘦肉、禽蛋、奶类和豆类等营养物质。

适宜菜肴 ▼

秋季

分类原则 ▼

　　秋季阴气渐渐增长，气候由热转寒，此时万物成熟，果实累累，正是收获的季节。人体的生理活动也要适应自然环境的变化。秋季以润燥滋阴为主，其中养阴是关键。秋季易出现体重减轻、倦怠无力、讷呆等气阴两虚的症状，人体会发生一些"秋燥"的反应，如口干舌燥等秋燥易伤津液等，因此秋季饮食应多食核桃、银耳、百合、糯米、蜂蜜、豆浆、梨、甘蔗、乌鸡、莲藕、萝卜、番茄等食物。

适宜菜肴 ▼

冬季

分类原则 ▼

　　冬季是一年中气候最寒冷的时节，也是一年中最适合饮食调理与进补的时期。冬季进补能提高人体的免疫功能，促进新陈代谢，还能调节体内的物质代谢，有助于体内阳气的升发，为来年的身体健康打好基础。冬季饮食调理应顺应自然，注意养阳，以滋补为主，在膳食中应多吃温性，热性特别是温补肾阳的食物进行调理。以提高机体的耐寒能力。

适宜菜肴 ▼

少年

分类原则 ▼

少年是儿童进入成年的过渡期，此阶段少年体格发育速度加快，身高、体重突发性增长是其重要特征。此外少年还要承担学习任务和适度体育锻炼，故充足营养是体格及性征迅速生长发育、增强体魄、获得知识的物质基础。少年的饮食要注意平衡，鼓励多吃谷类，以供给充足能量；保证鱼、禽、肉、蛋、奶、豆类和蔬菜供给，满足少年对蛋白质、钙、铁和维生素的需求。

适宜菜肴 ▼

女性

分类原则 ▼

女性有着与男性不同的营养需要。女性可能需要很少的热量和脂肪，少量的优质蛋白质，同量或多一些的其它微量元素等。很多女性由于工作节奏快或者学习压力大，常常无暇顾及饮食营养和健康，有时候常吃快餐或方便食品，因而造成营养不平衡，时间长了必然会影响身体健康。女性饮食包括适量的蛋白质和蔬菜，一些谷物和相当少量的水果和甜食。此外大量的矿物质尤为适应女性。

适宜菜肴 ▼

男性

分类原则 ▼

　　男性如果对自身营养关注不够，很容易发生因营养失衡而引起的一系列生活方式疾病。因此，关注男性营养，养成健康的饮食习惯，对于保护和促进其健康水平，保持旺盛的工作能力极为重要。男性在营养平衡的基础上，其基本膳食准则为节制饮食、规律饮食和加强运动。一般男性应该控制热能摄入，保持适宜蛋白质、脂肪、碳水化合物供能比，并增加膳食中钙、镁、锌摄入，以利于身体健康。

适宜菜肴 ▼

沙茶茄子煲 29 ／素脆鳝 55 ／西式牛肉薯饼 70 ／土豆泡菜五花肉 75 ／双冬烧排骨 84 ／
干煸牛肉丝 89 ／香辣陈皮兔 90 ／杏鲍菇扒口条 94 ／回锅鸡 124 ／辣子鸡里蹦 138 ／
泡菜生炒鸡 142 ／面氽鱼 157 ／木耳熘黑鱼片 158 ／鱼子炖粉条 160 ／
滑蛋牡蛎赛螃蟹 162 ／酥炸蚝肉 177 ／鲇鱼炖茄子 180 ／家常水煮鱼 181 ／
香河肉饼 191 ／茴香肉蒸饺 201 ／芝麻锅炸 215

老年

分类原则 ▼

　　老年期对各种营养素有了特殊的需要，但营养平衡仍是老年人饮食营养的关键。老年营养平衡总的原则是应该热能不高；蛋白质质量高，数量充足；动物脂肪、糖类少；维生素和矿物质充足。所以据此可归纳为三低（低脂肪、低热能、低糖）、一高（高蛋白）、两充足（充足的维生素和矿物质），还要有适量的食物纤维素，这样才能维持机体的营养平衡。

适宜菜肴 ▼

八宝山药 35 ／素海参烧茄子 41 ／
油吃鲜蘑 43 ／土豆丸子地三鲜 45 ／
虾子冬瓜盅 57 ／蟹粉狮子头 68 ／
四喜元宝狮子头 77 ／粉蒸牛肉 91 ／
酸菜羊肉丸子 92 ／皮肚烧双冬 95 ／
五香酥鸭腿 107 ／红枣花雕鸭 112 ／
葱姜扒鸭 114 ／蒜子陈皮鸡 130 ／
腐乳烧鸭 131 ／椰香咖喱鸡 132 ／
油渣蒜黄蒸鲈鱼 159 ／五柳糖醋鱼 172 ／
鲅鱼饺子 202 ／比萨米饼 205 ／
栗蓉艾窝窝 209

拌

分类原则 ▼

　　拌是将各种生料或熟料，经加工成为较小的丁、丝、片、块、条或特殊形状，加入各种调味品拌制而成。拌菜具有用料广泛、制作精细、味型多样、品种丰富、开胃爽口、增进食欲等特点，为家庭中比较常见的烹调技法之一。

适宜菜肴 ▼

炒

分类原则 ▼

　　炒是将原料放入少许油的热锅里，以旺火迅速翻拌，调味，勾芡使原料快速成熟的一种烹调方法。炒的分类方法很多，不同的类型有不同的标准。炒菜的主要技术特点要求旺火速成，紧油包芡，光润饱满，清鲜软嫩。

适宜菜肴 ▼

炸

分类原则 ▼

　　炸是用以多许食用油用旺火加热使原料成熟的烹调方法。炸的原料要求油量较多，油温高低视所炸的食物而定，一般采用温油、热油、烈油等多种油温。另外炸的原料加热前一般需要调味或加热后带调味品一起上桌。

适宜菜肴 ▼

蒸

分类原则 ▼

　　我国素有"无菜不蒸"的说法。蒸菜是将生料经过初步加工，加入各种调料调味，再用蒸汽加热至成熟和酥烂，原汁原味，味鲜汤纯的一种烹调方法。蒸比煮的时间要短，速度快，可以避免可溶性营养素和鲜味的损失，保持菜肴的营养和口味。

适宜菜肴 ▼

▲ 咸酥莲藕 37 ／梅汁咕咾菜花 60 ／西式牛肉薯饼 70 ／五香酥鸭腿 107 ／
蒜香鸡米花 125 ／橙香鸡卷 127 ／黄油灌鸡肉汤丸 133 ／酥炸脆豆腐 140 ／
江南盆盆虾 164 ／柠香脆皮鱼 170 ／柠香杏仁酥虾球 171 ／五柳糖醋鱼 172 ／
酥炸蚝肉 177 ／辉煌珊瑚鱼 179 ／芝麻锅炸 215

煮

分类原则 ▼

　　煮是将生料或经过初步熟处理的半成品，放入适量汤汁或清水中，先用旺火烧沸，再转中、小火煮熟的一种烹调方法。煮的方法应用相当广泛，既可独立用于制作菜肴，又可与其他烹调方法配合制作菜肴，还常用于制作和提取鲜汤，又用于面点制作等，因其加工、食用等方法的不同，其成品的特点各异。

适宜菜肴 ▼

▲ 金针菇小肥羊 47 ／银耳雪梨羹 49 ／鸡蓉南瓜扒菜心 50 ／双色如意鸳鸯羹 65 ／
蟹粉狮子头 68 ／酸菜羊肉丸子 92 ／新派蒜泥白肉 101 ／鸡刨豆腐酸豆角 104 ／
XO酱豆腐煲 106 ／菊香豆腐煲 121 ／鸡火煮干丝 126 ／青木瓜炖鸡 128 ／
家常干捞粉丝煲 143 ／面氽鱼 157 ／家常水煮鱼 181

烧

分类原则 ▼

　　烧菜是家庭中使用较多的方法，是将经过炸、煎、煮或蒸的原料，放入烹制好的汤汁锅里，用旺火烧沸，再转中、小火烧至入味，最后用旺火收稠汤汁或勾芡而成。烧是各种烹调技法中最复杂的一种，也是最讲究火候的，其运用火候的技巧也是最为精湛的，成品具有质地软嫩，口味浓郁的特点。

适宜菜肴 ▼

▲ 沙茶茄子煲 29 ／素海参烧茄子 41 ／土豆丸子地三鲜 45 ／腊八蒜烧猪手 82 ／
双冬烧排骨 84 ／傻小子排骨 87 ／香辣陈皮兔 90 ／皮肚烧双冬 95 ／香辣美容蹄 102 ／
素烧鸡卷 109 ／红枣花雕鸭 112 ／家常豆腐 113 ／蒜子陈皮鸡 130 ／腐乳烧鸭 131 ／
椰香咖喱鸡 132

多味沙拉/26

生煎洋葱豆腐饼/28

沙茶茄子煲/29

双瓜熘肉片/30

香辣藕丝/31

秘制拉皮/33

热拌粉皮茄子/34

八宝山药/35

自制朝鲜泡菜/36

咸酥莲藕/37

紫菜蔬菜卷/38

银杏炒五彩时蔬/40

素海参烧茄子/41

酱香蓑衣长茄子/42

油吃鲜蘑/43

土豆丸子地三鲜/45

油焖春笋/46

金针菇小肥羊/47

素鳝鱼炒青笋/48

银耳雪梨羹/49

鸡蓉南瓜扒菜心/50

风琴土豆片/52

酸辣蓑衣黄瓜/53

糖醋藕丁/54

素脆鳝/55

虾子冬瓜盅/57

糟香五彩/58

鲜蔬排叉/59

梅汁咕咾菜花/60

素鱼香肉丝/61

苦瓜蘑菇松/62

甜木耳炒山药/64

双色如意鸳鸯羹/65

朝鲜辣酱黄瓜卷/66

蟹粉狮子头/68

西式牛肉薯饼/70

香干炒肉皮/71

双莲焖排骨/72

土豆泡菜五花肉/75

菠萝生炒排骨/76

青椒熘肉段/73

四喜元宝狮子头/77

西红柿汁拌肥牛/78

肉皮冻/79

茶树菇炒猪肝/80

腊八蒜烧猪蹄/82

焦熘丸子/83

双冬烧排骨/84

黑椒肥牛鸡腿菇/85

傻小子排骨/87

茶香牛柳/88

干煸牛肉丝/89

香辣陈皮兔/90

粉蒸牛肉/91

酸菜羊肉丸子/92

杏鲍菇扒口条/94

皮肚烧双冬/95

三鲜皮肚/96

芫爆肚丝/97

小土豆炖排骨/99

菠萝牛肉松/100

227

新派蒜泥白肉/101

香辣美容蹄/102

鸡刨豆腐酸豆角/104

XO酱豆腐煲/106

五香酥鸭腿/107

培根回锅豆腐/108

素烧鸡卷/109

芙蓉菜胆鸡/111

红枣花雕鸭/112

家常豆腐/113

葱姜扒鸭/114

纸包盐酥鸡翅/115

红果鸡/116

煎酿豆腐/118

烟熏素鹅/119

葱油鸡/120

菊香豆腐煲/121

巧拌鸭胗/123

回锅鸡/124

蒜香鸡米花/125

鸡火煮干丝/126

橙香鸡卷/127

青木瓜炖鸡/128

蒜子陈皮鸡/130

腐乳烧鸭/131

椰香咖喱鸡/132

黄油灌鸡肉汤丸/133

湖州千张包/135

豆皮苦苣卷/136

虎皮鹌鹑蛋/137

辣子鸡里蹦/138

酸辣鸡丁/139

酥炸脆豆腐/140

泡菜生炒鸡/142

家常干捞粉丝煲/143

雪菜肉末蒸蛋羹/144

鱼香皮蛋/145

酸梅冬瓜鸭/146

菠萝荸荠虾球/148

巧拌鱼丝/150

菠萝沙拉拌鲜贝/151

鲜虾炝豇豆/152

韩式辣炒鱿鱼/153

海带焖肉松/155

茄汁蓑衣鱼肠/156

面氽鱼/157

木耳熘黑鱼片/158

232

油渣蒜黄蒸鲈鱼/159

鱼子炖粉条/160

滑蛋牡蛎赛螃蟹/162

香芹虾饼/163

江南盆盆虾/164

芙蓉虾仁/165

美味炒蛏子/167

酒醉咸鱼/168

酥醉小平鱼/169

柠香脆皮鱼/170

柠香杏仁酥虾球/171

233

五柳糖醋鱼/172

炸煎虾/174

大展宏图油焖虾/175

家炖年糕鱼头/176

酥炸蚝肉/177

辉煌珊瑚鱼/179

鲇鱼炖茄子/180

家常水煮鱼/181

焦熘口袋虾/182

菊花口水鱼/183

醋酥鲤鱼/184

翡翠凉面拌菜心/186

咸肉焖饭/188

小炖肉茄子卤面/189

椒盐紫菜家常饼/190

香河肉饼/191

奶香松饼/193

焖炒蛋饼/194

蛋羹泡饭/195

羊排手抓饭/196

时蔬饭团/197

沙琪玛/198

两面黄盖浇面/200

茴香肉蒸饺/201

鲅鱼饺子/202

五谷春韭糊饼/203

比萨米饼/205

翡翠巧克力包/206

番茄蛋煎面/207

四喜饭卷/208

栗蓉艾窝窝/209

蘑菇牛肉意大利面/210

果仁酥/212

老北京门钉肉饼/213

创新懒龙/214

芝麻锅炸/215

237

 # 让我们美味共享

对于初学者,需要多长时间才能学会家常菜,是他们最关心的问题。为此,我们特意编写了《吉科食尚—7天学会》系列图书。只要您按照本套图书的时间安排,7天就可以轻松学会多款家常菜。

《吉科食尚—7天学会》针对烹饪初学者,首先用2天时间,为您分步介绍新手下厨需要了解和掌握的基础常识。随后的5天,我们遵循家常菜简单、实用、经典的原则,选取一些食材易于购买、操作方法简单、被大家熟知的菜肴,详细地加以介绍,使您能够在7天中制作出美味佳肴。

《新编家常菜大全》是一本内容丰富、功能全面的烹饪书。本书选取了家庭中最为常见的100种食材,分为蔬菜、食用菌豆制品、畜肉、禽蛋、水产品和米面杂粮六个篇章,首先用简洁的文字,介绍每种食材的营养成分、食疗功效、食材搭配、选购储存、烹调应用等,使您对食材深入了解。随后我们根据食材的特点,分别介绍多款不同口味,不同技法的家常菜例,让您能够在家中烹调出自己喜欢的多款美食。

《不时不食的24节气美味攻略》

本书以传统节气为主线,首先为读者介绍了关于每个节气的常识,如该节气的时间、黄经、意义、属性、气候特点、饮食养生、民俗风情等,使您对节气有所了解。随后我们根据该节气的特点,有针对性地介绍了多款家常实用菜肴。选取的每道菜肴都配以精美的图片,而对于一些深受大家喜欢的菜肴,我们还配以制作步骤图片并加以步步详解,简单、明了,一看就会,既做到色香味美,又可达到营养均衡的效果。

《阿生老火滋补靓汤》

老火汤流传了几百上千年,一直是广东人的心头至爱,每个广东人也都有老火汤的"一本经",比如"宁可食无菜,不可食无汤","不会吃的吃肉,会吃的喝汤","春天养肝,夏天祛湿,秋天润肺,冬天补肾","慢火煲煮,火候足,时间长,入口香甜"等。大家不仅爱老火汤的美味,更以此作为补益养生之道。作为广东餐饮文化之精髓的老火汤,不仅在广东人心中扎根,也在全国各地流传开来。为什么老火汤能具有如此巨大的影响力,是因为它的美味还是因为它的食疗功效?我觉得都不是,真正的原因是这碗老火汤背后所承载的款款浓情,无法替代的亲情,这才是老火汤的真正内涵。

《铁钢老师的家常菜》

家常菜来自民间广大的人民群众中,有着深厚的底蕴,也深受大众的喜爱。家常菜的范围很广,即使是著名的八大菜系、宫廷珍馐,其根本元素还是家常菜,只不过氛围不同而已。我们通过本书介绍给您的家常菜,是集八方美食精选,去繁化简、去糟求精。我也想通过我们的努力,使您的餐桌上增添一道亮丽的风景线,为您的健康尽一点绵薄之力。

本书通过对食材制法、主配料、调味品的解析,使您了解烹调的方法并进行精确的操作,一切以实际出发,运用绿色食材、加以简洁的制法,烹出纯朴的味道,是我们的追求,同时也是为人民健康服务的动力源泉。

投稿热线: 0431-85635186 18686662948 QQ: 747830032
吉林科学技术出版社旗舰店jlkxjs.tmall.com

图书在版编目（CIP）数据

秘制南北家常菜 / 我家厨房栏目组主编. -- 长春 ：
吉林科学技术出版社，2013.12
  ISBN 978-7-5384-7317-9

  I．①秘… II．①我… III．①家常菜肴－菜谱 IV.
①TS972.12

  中国版本图书馆CIP数据核字(2013)第308513号

秘制南北家常菜
MIZHI NANBEI JIACHANGCAI

主　　编　我家厨房栏目组
出 版 人　李　梁
策划责任编辑　张恩来
执行责任编辑　赵　渤
封面设计　雅硕图文工作室
制　　版　雅硕图文工作室
开　　本　720mm×1000mm　1/16
字　　数　250千字
印　　张　15
印　　数　15 001-25 000册
版　　次　2014年8月第2版
印　　次　2014年8月第1次印刷
出　　版　吉林科学技术出版社
发　　行　吉林科学技术出版社
地　　址　长春市人民大街4646号
邮　　编　130021
发行部电话/传真　0431-85677817　85635177　85651759
　　　　　　　　　85651628　85600611　85670016
储运部电话　0431-86059116
编辑部电话　0431-86035186
网　　址　www.jlstp.net
印　　刷　沈阳天择彩色广告印刷股份有限公司
书　　号　ISBN 978-7-5384-7317-9
定　　价　35.00元
如有印装质量问题可寄出版社调换